August Meier-Jobst

Die Hochebene von Barka

August Meier-Jobst

Die Hochebene von Barka

ISBN/EAN: 9783743361386

Hergestellt in Europa, USA, Kanada, Australien, Japan

Cover: Foto ©berggeist007 / pixelio.de

Manufactured and distributed by brebook publishing software
(www.brebook.com)

August Meier-Jobst

Die Hochebene von Barka

Jahresbericht

über

das Progymnasium

mit englischen Abteilungen

zu

Eupen

für das Schuljahr 1897 98,

veröffentlicht

von dem Direktor der Anstalt

Dr. Emil Schnütgen.

—▸—•—☀☀🌑☀☀—•—◂———·

Inhalt:

1. Die Hochebene von Barka in ihrem heutigen Zustande mit dem ehemaligen verglichen. Von Oberlehrer **Aug. Meier-Jobst.**
2. Schulnachrichten. Vom **Direktor.**

·————▸—•—◈🌑◈—•—◂—·

Eupen, 1898.
Druck von Carl Braselmann.

Progr.-Nr. 465.

Die Hochebene von Barka
in ihrem heutigen Zustande mit dem ehemaligen verglichen.

Von

Oberlehrer Meier-Jobst.

Die Hochebene von Barka ist nach einer uralten libyschen Stadt benannt, die noch im Mittelalter unter den Arabern von Bedeutung war, so daß sich der Name im Volksbewußtsein erhielt. Freilich behaupten die heutigen Eingeborenen, daß das Land so benannt sei, weil es ein „Barca" d. h. Segen sei. Die erstere Ableitung ist jedenfalls wahrscheinlicher.

Eine bestimmte Grenze dieses Gebietes anzugeben, hält schwer. Die Araber rechnen dazu das Land, welches von dem Meere im Norden und Westen, im Süden von dem Wadi Fareg und der Wüste, im Osten von Akabat el Kebir umgeben wird. Fast ähnliche Grenzen nehmen die Türken an, nur daß sie die weiter nach Süden gelegenen Oasen Audjila und Djalo ebenfalls noch zu Barka zählen. Folgen wir der ersteren Rechnung, so erstreckt sich das Gebiet von Barka von 30° 18' N. Br. bis nahe an 33° N. Br. und von 19° 55' O. Gr. bis 25° 15' O. Gr.

Von Bengasi bis Tolmetta ist das Hochland von dem Meere durch einen niedrigen Küstenstrich geschieden, dessen Breite sehr verschieden ist. Bei Bengasi ist er etwa 40 klm breit, bei Tolmetta dagegen nur noch einige Kilometer. Sonst tritt das Gebirge unmittelbar an die Küste, nur bei Mirsa Susa und Derna bleibt noch ein schmales Tiefland übrig. Wenn man sich das Hochland als eine ebene Fläche vorstellen wollte, würde man sehr irren; es ist vielmehr ein Gewirr von Bergen und Thälern. Auf seiner Reise von Bengasi nach Derna zählte der italienische Forschungsreisende Haimann nicht weniger als zwanzig Thäler, unter denen diejenigen von Tekniz und Slonta sich durch besondere Schönheit auszeichnen. Unser Landsmann Rohlfs rühmt vor allen anderen das Kufthal, welches in der Nähe von Gasr Bengedem liegt. Steile, oft senkrechte Kalksteinwände von 500' Höhe, die überall mit ungeheuern Höhlen, auch Tropfsteinhöhlen, versehen sind, begrenzen dasselbe. Die mittlere Erhebung des Landes über den Meeresspiegel beträgt 450 m, einzelne Gipfel steigen aber bis 900 m an. Nach Nordosten und Nordwesten fällt es ziemlich schroff ab, im Südwesten und Süden findet ein allmählicher Übergang zur See und zur Wüste statt. Die Berge haben keine eigentliche Spitze, sondern alle eine runde Form. Der Kern derselben besteht aus Kalkstein, nur im Westen bestehen die unteren Schichten der Vorhöhen aus weicherem Muschelsandstein, und ebenso sind bei Ain Schahat Sandsteinmassen sichtbar. An den Schluchten, wo der Kalkstein aus feinen Muscheln gebildet sichtbar ist, bemerkt man viele natürliche Höhlen und Tropfsteingrotten, auch findet man auf dem Plateau noch Versteinerungen mancherlei Art. Im nördlichen Teile ist das Land mit rotem Boden reichlich bedeckt, der aber im Süden in weißlichen Sandboden übergeht. Daher unterscheiden die Eingeborenen Barca el Hamra, das rote Barka, und Barca el beida, das weiße Barka. Auch in dem Tieflande an der Küste finden wir den rötlichen Humus; es wird uns von Reisenden als ein einziger lachender Garten geschildert. Die üppigsten Blumenwiesen werden von Jasmin, Lentisken und Myrtengebüsch durchschnitten; von Tokra an tritt das Hochland der Küste nahe genug, um mit seinen zerklüfteten, durch buschbewachsene Wadis unterbrochenen Abhängen dem Bilde einen großartigen Hintergrund zu geben. Alle Reisenden sind darüber einig, daß der Boden bei rationeller Bearbeitung den reichsten Ertrag liefern würde. „Alles bedarf in Kyrenaika nur geringer Nachhülfe, um als vollendet und gut dazustehen" (Rohlfs), aber „die Hand des Menschen läßt zu Grunde gehen, was die Natur geschaffen hat" (Barth). Flüsse mit beständigem Wasser, die sich ins Meer ergießen, giebt es nicht, wenn man nicht etwa die Flüßchen oder vielmehr Kanäle von Derna als solche betrachten will. Das Wasser der meisten Quellen verliert sich nach kurzem Laufe in den Thälern, um wahrscheinlich andere, niedrige Quellen zu nähren, wie z. B. das Wasser des Flüßchens Ramansur bei Derna vermutlich dasselbe Wasser ist wie das der Quelle Mara. Doch fehlt es dem Lande nicht an Feuchtigkeit; es regnet während der Monate Oktober bis Mai, während im Sommer nur äußerst selten Regen fällt. Doch weht vom Mittelmeere her mit großer Regelmäßigkeit der Wind aus Nordwest und bringt viele Feuchtigkeit mit sich. Diese ist die Ursache, daß das Land trotz der unglaublichen Vernachlässigung im ganzen ein grünes Gepräge zeigt, so daß die Eingeborenen schlechtweg von Djebel Achdar, dem „grünen Gebirge" sprechen. In Barka el Hamra beträgt die Regenhöhe 350—500 mm. Von den Seen des Landes verdienen nur zwei erwähnt zu werden, nämlich der See Bersis, in der Ebene bei Tokra und auf dem Hochlande der See Garig. Dieser wird vom Norden her durch 4 Wadis gespeist: Wadi Selel Goddi, Wadi Grami, Wadi Testir und Wadi Rusa. Der langgestreckte Bersis-See scheint erst seit Edrisis Zeit sein süßes Wasser durch Durchbrechung der Dünenkette verloren zu haben.

Das Klima des Landes ist das des Mittelmeergebietes, nur ist es hier etwas kühler als in Süd-Italien, Sicilien, Griechenland, Kreta und namentlich in Tripolis. Die im Sommer stets wehenden Winde üben großen Einfluß auf die Abkühlung der Luft aus. Die mittlere Jahreswärme beträgt 21—22⁰.

Die Flora dieses Landes ist eine üppige; eine unzählige Blumenmenge, wohlriechend und sehr stark duftend, wie Geranien, Veilchen, Artemisien bedecken den Boden. Von niedrigem Gesträuch ist vorhanden der Dornbusch, der Wachholder- und Myrtenbaum, Jasmin, Rose, Oleander, Lorbeer, Sehera oder Phlomis. Oleander und Lorbeer finden sich namentlich in den Schluchten, an den Bergen Rosmarin, Wachholder und große Büsche der einfachen weißen Rose. In ausgezeichneter Güte findet sich wild die Artischocke, die als Nahrung für Menschen und Tiere benutzt wird, und der Trüffel. Die Drias, Thapsia garganica, in welchem moderne Reisende das Silphium der Alten wiedererkennen wollen, ist in dem östlich von 22⁰ O. Gr. gelegenen Gebiete verbreitet. Von größeren Baumarten sind vertreten die kleinblättrige immergrüne Eiche, die oft 450' hohe Cypresse, die Thuya oder Lebensbaum, die Pinie, die Charruke oder Johannisbrotbaum und der Mastixbaum oder Lentiskus; verwildert kommt vor der Ölbaum, der Feigenbaum und der Birnbaum. Für den Handel von außerordentlicher Wichtigkeit ist das Farbholz oder Krapp. Im Jahre 1895 z. B. nahm Krapp unter den Export-Artikeln in bezug auf die Menge den ersten und in bezug auf den Preis den dritten Platz ein.

Dieses so pflanzenreiche Land ist äußerst tierarm. In dem Küstenstriche finden sich viele kleinere wilde Tiere wie Hasen, Kaninchen, Gazellen, Rebhühner. Reißende Tiere sind außer dem Schakal und der Hyäne nicht vorhanden. Wildschweine kommen in den Schluchten der Gebirge vor, aber nur in geringer Zahl. Überall stößt man auf den Maulwurf; in den südlichen Ebenen ist die Hornviper häufig. In den Felspartieen des Hochlandes halten sich zahlreiche Bienenschwärme auf. Die Heuschrecke ist noch heute wie im Altertum eine große Plage für das Land. Von Haustieren halten die heutigen Bewohner Pferde, Rinder, Schafe, Ziegen, Kamele, Maultiere und Esel. Die Kamele werden hauptsächlich in den südlichen Ebenen gezüchtet, von wo sie auch meistens nach Ägypten exportirt werden. Die einst so gerühmten Pferde sind in bezug auf Gestalt und Schönheit sehr heruntergekommen, zeichnen sich aber noch heute durch Kraft, Ausdauer und Gelehrigkeit aus. Hauptsächlich wird die Pferdezucht in der Ebene von Merg betrieben. Doch wird das Pferd im Lande selbst nicht viel verwandt, so daß einzelne Reisende das Vorkommen desselben in Barka überhaupt in Abrede stellen.

Von der Bevölkerung Barkas gelten auch heute noch zum Teil die Worte Heinrich Barths, die derselbe nach seiner um die Mitte unseres Jahrhunderts in dem Lande unternommenen Reise aussprach: „Es ist unglaublich, in welchem Elend die heutige spärliche Bevölkerung dieses an jeder Art Hilfsmitteln so reichen Landes lebt, das einst so viele große Völkerschaften, so viele große Städte und Ortschaften mit Leichtigkeit ernährte. Aber es fehlt den heutigen Bewohnern an jeder Energie, das Geringste zu thun, sich der geringsten Mühe zu unterziehen, um ihren Zustand zu verbessern. Nur dem Raube unterziehen sie sich mit Mühe und Beharrlichkeit". Über den letzten Punkt bemerkt Rohlfs: „Plünderung von Karawanen, innere Stammesfehden, Raub und Mord sind an der Tagesordnung; ein Mord wegen einer geraubten Ziege kommt nicht selten vor. Hat ein Stamm das Land notdürftig bebaut, so kommt ein anderer und weidet es mit seinen Herden ab". Sehr bezeichnend für den Ruf, in welchem die Bewohner bei den umwohnenden Volksstämmen stehen, ist ein kleines Erlebnis von Rohlfs. Nachdem er Barka verlassen und in die Oase Audjila gekommen war, traf er am ersten Abend dieselben Vorsichtsmaßregeln beim Aufschlagen des Lagers, wie er sie in Barka für nötig gehalten hatte. Da rief ihm einer von den Umstehenden zu, daß er sich diese Mühe sparen könne, da er hier nicht mehr in Barka sei. Das Gastrecht wird nirgends heilig gehalten, nur bei dem Stamme der Maraua fand der italienische Reisende Camperio gastliche Aufnahme. Sonst waren europäische Reisende oft ernsten Gefahren ausgesetzt, nur durch energisches Auftreten konnten sie sich Ruhe und Sicherheit verschaffen. Keiner unterließ es, nachts Wachen auszustellen. Haimann fand die Beduinen anfangs äußerst mißtrauisch, verstand es aber bald, ihr Vertrauen zu erwecken, so daß sie ihn um Medizin baten; durch Verabreichung derselben glaubt er manchen Gefahren entgangen zu sein. Die gesamte Bevölkerung wird auf 250 000 bis 300 000 Personen geschätzt; von einer genauen Zählung ist natürlich keine Rede. Bei einem Areal von ungefähr 50 000 qkm. ist das immerhin eine sehr schwache Bevölkerung, schwächer als diejenige der übrigen Mittelmeer-Staaten Nordafrikas. Man hat sie zu den Arabern zu rechnen, doch ist sie stark mit Negern, Berbern und Türken vermischt; ob sich noch Reste von Römern und Griechen erhalten haben, ist nicht mehr nachzuweisen, ebenso wenig sind Reste der alten Libyer zu erkennen. Es wird fast ausschließlich das Arabische gesprochen. Gegenwärtig lassen sich vielleicht zwanzig Stämme unterscheiden: Gerera, Semalus, Ghetaan, Habbun, Menfa, Mualek, Schuaar in der Umgegend von Derna, Brassa bei Ghegal, Hassa bei Ain Schahat, Dörsa in Maraua, Abidat im Süden von Merg, Bragta bei Tokra, Bersis und östlich von Bengasi, Auergher oder Auaghir, Magarba, Kufra, Areibet, Tuaher, Schibat und Aschibat, Auled und Escheh zwischen Bengasi und Merg, Huta. Der stärkste von diesen Stämmen ist derjenige der Auaghir. Da er 10 000 Fußgänger und 1000 Reiter zu stellen hat, schätzt man ihn auf ungefähr 60 000 Personen. Als die berüchtigsten Räuber von ganz Barka werden die Abid geschildert. Bei dem Stamme der Dörsa bemerkte Camperio einen gewissen Wohlstand: sie zeichneten sich durch fürstliche Gastfreiheit aus, besaßen elegante Zelte mit Teppichen und Decken, verfertigt von jungen Beduinen mit sehr primitiven Rahmen, die mit Händen und Füßen in Bewegung gesetzt werden. Sie trugen Stoffe von Kamelhaaren und undurchdringlicher Wolle. — Die Männer sind von mittlerer Größe, dabei mager, haben ein längliches Gesicht, in welchem im Alter die Backenknochen stark hervortreten, stechende schwarze Augen, die von buschigen Augenbrauen überwölbt sind, eine stark gebogene Nase, einen verhältnismäßig großen Mund und ein spitzes Kinn. Der Bart ist spärlich, das Haupthaar lang und schwarz. Die Frauen sind klein, in der Jugend hübsch, doch im Alter treten bei ihnen die Gesichtszüge ebenso scharf hervor wie bei den Männern. Die Nase ist bei ihnen weniger gebogen als bei den Männern. Männer sowohl wie Frauen zeichnen sich gern mit Antimon, indem sie bunte Figuren auf Gesicht, Brust, Arme und Hände malen. Die Frauen umrändern auch die Augen, färben die Unterlippe schwarz und die Nägel rot. Die Städterin geht verschleiert, während die Landbewohnerin dies nicht für nötig hält. Als echte Nomaden bringen die Männer ihre Zeit zum größten Teile in Unthätigkeit zu. Das Nationalgericht ist Basina, eine Gerstenpolenta mit stark gepfefferter Sauce. Auf dem Boden hockend essen alle mit der Hand aus der Schüssel. Außer auf Rauben und Stehlen verstehen sich die Eingeborenen auch noch gut auf das Betteln. Angebaut werden nur Gerste und Weizen; es kann aber alles hervorgebracht werden; Wein, Tabak und Baumwolle würden vorzüglich gedeihen, alle Gemüse, überhaupt alle Früchte des Mittelmeergebietes könnten hier wie in einem Garten gezogen werden. Die jetzige Art der Bodenbearbeitung ist aber noch zu primitiv, der arabische Pflug dringt nicht tief genug ein, so daß nur die Oberfläche aufgekratzt, der eigentliche Humus dagegen nicht berührt wird. Nach dem Berichte des britischen Konsuls in Bengasi betrug im

Jahre 1895 der Gesamtertrag der Ernte an Weizen und Gerste 1000000 kl. Natürlich bilden diese beiden Getreidearten infolgedessen auch den Hauptausfuhrartikel, in zweiter Linie kommen hierbei die Straußenfedern in Betracht, ferner Farbholz, Elfenbein, Wolle, Vieh und Holz. Für Viehzucht ist der Boden besonders geeignet, da die Weiden sehr gut sind. Aber auch diese könnte noch viel intensiver betrieben werden, da die Weiden viel größere Herden ernähren könnten, was daraus hervorgeht, daß in dürren Zeiten von Tripolis aus viel Vieh auf die Weiden von Barka getrieben wird.

Natürlich sind in diesem Lande auch die Juden stark vertreten, obwohl sie unter hartem Drucke stehen, doch werden sie durch den Gewinn angezogen. Ob es Nachkommen derjenigen sind, die einst unter den Ptolemäern zahlreich einwanderten, oder ob sie erst in neuerer Zeit eingewandert sind, ist ungewiß; doch ist das letztere wahrscheinlicher, denn wir dürfen wohl annehmen, daß die Araber nicht nur von den Christen, sondern auch von den Juden das Land gesäubert haben. Im Gegensatze zu den Eingeborenen zeichnen sich die Juden beiderlei Geschlechts durch körperliche Schönheit aus.

Dieses im Altertum so bekannte und viel genannte Land war fast ein ganzes Jahrtausend den Blicken des Europäers völlig entzogen, so daß Karl Ritter es 1822 mit Recht eine ganz neue, wichtige Entdeckung des Italieners Della Cella nennen konnte. Freilich war im Jahre 1704 der Franzose Le Maire dort, aber ohne eingehendere Mitteilungen darüber zu veröffentlichen. Della Cella begleitete 1821 als Arzt den Sohn des Paschas von Tripolis auf seinem Zuge gegen seinen älteren Bruder, den Gouverneur von Bengasi und Derna, der sich gegen seinen Vater empört hatte. Später beschrieb er den Zug und teilte dabei manches Interessante über Land und Leute mit. Dreißig Jahre später kam Heinrich Barth hierher, und seitdem ist das Land öfter besucht worden, so von dem Deutschen Rohlfs, den Italienern Haimann und Camperio.

1835 wurde Barka zugleich mit Tripolis mit der Türkei vereinigt, bildet aber seit dem 8. Juni 1881 ein eigenes Villajet. Der Gouverneur hat seinen Sitz in Bengasi; er hat an die Pforte ungefähr 4 Mill. Fr. an Abgaben zu bezahlen. Für die geistlichen Angelegenheiten steht ihm ein Mufti, für den richterlichen ein Khadi zur Seite. Die Eingeborenen waren aber dem Sultan noch niemals völlig unterworfen, auch hat sich dieser um seine afrikanischen Besitzungen nie viel gekümmert. Unmittelbarer türkischer Besitz ist nur die Umgegend von Bengasi, Derna und von einigen festen Punkten im Innern des Landes; alles Übrige ist in den Händen der Araberstämme, und die türkische Herrschaft über diese besteht eigentlich nur dem Namen nach. Eine Zeit lang bildeten achtzig Soldaten die ganze türkische Kriegsmacht im Lande. Infolge des Mißgeschicks der Türken in ihrem Kriege mit den Russen lösten sich in dem Lande die letzten Bande der Ordnung. Der neue Gouverneur brachte fünfhundert Soldaten mit, wodurch Ordnung und Sicherheit wenigstens einigermaßen wiederhergestellt sind. Eingeteilt wird das Land nunmehr in sechs, oder, da die Türken auch noch die Oasen Djalo und Audjila hierher rechnen, in acht Kaimakamlikate: Bengasi, Gaigab, Derna, Merg, Auergher-Distrikt, Mytarba oder Adjedabia und Djalo und Audjila. Materiell hat das Land von der neuen Einteilung wenig Nutzen, da die indolente Regierung keine durchgreifenden Verbesserungen unternimmt. Die Unfähigkeit der Beamten ist so groß, daß viele derselben nicht einmal die

Grenzen ihrer Provinz kennen. Die Kaimakams wissen oft nicht, ob ein Ort zu ihrem Bereiche gehört oder nicht. Ein geordneter Staatshaushalt besteht nicht, sondern Einnahmen und Ausgaben richten sich meistens nach dem Beliebon des jedesmaligen Gouverneurs und nach der Zahl und dem Ausfall der gegen die Nomaden unternommenen Exekutionszüge. Die Abgaben werden zum größten Teil an die Meistbietenden verpachtet, auch Christen und Juden können sich daran beteiligen. Die Stellung der Europäer der türkischen Regierung gegenüber ist dieselbe wie in don übrigen Provinzen des türkischen Reiches.

Die Unfähigkeit und Ohnmacht der Regierung hat sich die Brüderschaft der Senusi (Snussi) zu Nutze gemacht. Der Stifter dieses Ordens Mohammod ibn Ali el-Senusi errichtete um das Jahr 1835 in der am Nordrande der libyschen Wüste gelegenen Oase Sarabub oder Dscharabub eine Zavia oder Kloster und umgab sich mit einem geheimnisvollen Dunkel, wobei ihm die Ruinen alter griechischer und römischer Gebäude vortrefflich zu statten kamen, so daß er bei dem Volke bald zu großem Ansehen gelangte, das sich dann auf seine Anhänger übertrug. Ihre Klöster sind jetzt durch das ganze Land verbreitet; im Jahre 1884 zählte man deren in den Ländern Nordafrikas 121. Man kann die Senusi als die eigentlichen Herren des Landes bezeichnen, ihre Klöster sind reich dotirt. Für die Hebung der Sittlichkeit haben sie manches gethan; es ist z. B. vorgekommen, daß eine Karawane von den Eingeborenen überfallen und geplündert wurde und die Regierung sich außer stande sah, Genugthuung zu verschaffen, während die Senusi die Räuber zur Rückgabe der geraubten Sachen bewogen. Für die Bildung freilich thun sie wenig, unterhalten auch keine öffentliche Schule. Ihr Bestreben geht dahin, den Islam von allen fremden Einflüssen zu reinigen und das Vordringen der Europäer in Afrika zu bekämpfen. Die Rivalen der Senusi sind die Madani, welche ebenso tolerant wie die Senusi fanatisch sind. Das berühmteste ihrer Klöster liegt in Schadabia; der Vorsteher desselben gewährte unserm Landsmann Rohlfs die gastlichste Aufnahme. Der Stifter des Ordens, Mohammed el Madani liegt in Mesurata (Tripolis) begraben.

In unserm Colonisations-Zeitalter ist auch Barka in Betracht gezogen worden, namentlich von Deutschen und Italienern. Die meisten Reisenden sind der Ansicht, daß eine Ansiedelung in diesem Gebiete von dem größten Erfolge begleitet sein würde; Rohlfs z. B. äußert sich in dieser Beziehung geradezu schwärmerisch. Er meint, daß es für einen intelligenten Landwirt, der über ein kleines Betriebskapital verfügt, leicht sein müsste, hier in kurzer Zeit zum Wohlstande zu gelangen. Das anbaufähige Areal soll etwa 38 000 qkm. betragen. Rechtlich stehen einem Landerwerb seitens eines Europäers keine Hindernisse im Wege, Schwierigkeiten würde nur das Verhältnis zu den Nomaden bereiten. Ritter meinte, sie müßten Nomaden bleiben und die Colonisten, die sich ihrerseits auf den Anbau von Handelsfrüchten beschränken sollten, mit Milch, Butter und Käse versorgen. Doch ist es klar, daß sie damit ebenso wie die Jägervölker Amerikas auf den Aussterbeetat gesetzt wären. Rohlfs schlägt daher sofortige Vertreibung derselben aus dem ganzen Lande vor, da die Erfahrungen der Franzosen in Algier gezeigt hätten, daß ein friedliches Nebeneinanderwohnen von Eingeborenen und Colonisten nicht durchzuführen sei. Im Jahre 1869 unternahm Ali Riza Pascha hier einen Colonisationsversuch bei Bomba und

Tokra, doch sind seine Bemühungen gescheitert, da sie nicht mit der nötigen Ausdauer fortgesetzt wurden. Das Wadi Fareg, mit dem die Araber Barka im Süden endigen lassen, ist kein eigentliches Flußbett, sondern eine von Westen nach Osten streichende Einsenkung ohne Abdachung. In diesem Thale zählte Rohlfs neunzehn Brunnen, ein Beweis, daß es viel von Karawanen benutzt wird. Die Länge desselben beträgt fünf Tagereisen. Das südliche Ufer desselben heißt Diffa el Nadi (Gastmahl des Thales), weil dort jeder Reisende, der die Stelle zum ersten Male passiert, seinen Gefährten, welche die Reise schon einmal gemacht haben, einen Extraschmaus geben muß. Entzieht sich jemand dieser Sitte, so wird zum Andenken seines Geizes ein Steinhaufen, der ein Grabmal vorstellen soll, errichtet. Nach der Anzahl der Steinhaufen zu schließen, müssen der sparsamen Reisenden viele gewesen sein. Sieben Stunden nördlich von Wadi Fareg bei Chor-Shofan ist der Beginn des Mittelmeer-Niederschlags und damit auch der Vegetation. Die Bevölkerung ist dort noch schwach; einige Brunnen sind vorhanden, z. B. der Tafra-Brunnen, haben aber nur Bitterwasser. Zwei Stunden nördlich von dem Tafra-Brunnen liegt die eigentümliche Burg Henea, offenbar libyschen Ursprungs. Dieselbe ist aus einem einzigen Felsen gehauen und enthält viele Räume. Die aus Stein gehauenen Krippen lassen erkennen, daß man auch Pferde in derselben hatte. Das von einem breiten Graben umgebene Bauwerk ist gut erhalten. Etwas weiter nördlich liegen die Ruinen des Forts Schadabia, die noch ziemlich gut erhalten sind. Hier ist auch frisches Wasser zu finden. Neben dem Fort liegt das berühmte Kloster der Madani. Dies ist der südlichste ständig bewohnte Ort von Barka. Je weiter nach Norden, desto reicher wird die Vegetation, während südlich von Schadabia nur Halfa und Sehih vorkommen. Drei Tagereisen südlich von Bengasi wird die Gegend sehr fruchtbar und allmählich auch stärker bevölkert, ja bevölkerter als irgend eine andere des ganzen Landes. Viele Ruinen finden sich hier, aus deren Lage sich schließen läßt, daß hier einst kein geschlossener Ort lag, sondern einzelne Wohnungen.

Die Stadt Bengasi, auch Ben Ghasi geschrieben, hat ihren Namen von einem Heiligen gleichen Namens, dessen Grabmal sich im Norden der Stadt befindet. Sie liegt auf einer von Norden nach Süden zu sich erstreckenden Landzunge, die im Westen vom Mittelmeere, im Osten von einer Strandlagune bespült wird. Eine andere von Süden her kommende Landzunge bildet mit jener das Thor zum Hafen. Dieser ist aber so versandet, daß nur kleinere Fahrzeuge in denselben einlaufen können, während größere an der Einfahrt liegen bleiben müssen, was bei stürmischem Wetter natürlich sehr gefährlich ist. Der Hauptgrund der immer mehr zunehmenden Versandung besteht darin, daß das Meer gegen das hohe nordöstliche Ufer bei der Stadt mit wütender Gewalt aufpeitschend die losgeschwemmte Erde in den Hafen treibt. Freilich würde es nicht schwer sein, durch kräftiges Ausbaggern die Versandung zu hemmen. Vor Ungefähr 30 Jahren machte die Regierung auch Miene dazu, aber der angekaufte Bagger verfaulte und verrostete, ohne in Thätigkeit zu kommen. Trotz dieser Schwierigkeit der Landung ist der Schiffsverkehr nicht unbedeutend. So landeten nach dem Berichte des englischen Konsuls im Jahre 1895 hier 454 Schiffe, und zwar 68 Dampfer und 386 Segelschiffe, mit einer Gesamtfracht von 55 208 Tonnen. Unter diesen Schiffen waren 205 türkische, 199 griechische, 42 englische, 6 tunesische, 1 österreichisches und 1 italienisches.

Die Angaben über die Einwohnerzahl schwanken zwischen 10 000 und 15 000.

Unter diesen sind ungefähr 2000 Europäer, meist Malteser, Griechen und Italiener, die übrige Bevölkerung teilt sich in 2000 Juden und Araber, die infolge des starken Karawanenverkehrs mit Negern vermischt sind. Die Straßen sind nicht gepflastert, aber doch passierbar und ziemlich breit und gerade. Die Häuser sind solide gebaut und meistens mit Kalk beworfen. Alle sind numeriert, und die meisten haben eine zweite Etage. Die Einrichtung ist diejenige des Südens: in der Mitte ein viereckiger freier Platz und an den Seiten lange, schmale Zimmer, deren Thüren und Fenster an der Hofseite liegen. Jedes Haus hat einen eigenen Brunnen, doch ist das Wasser, das man schon bei sechs Fuß Tiefe findet, brackisch. Daher sind die Bewohner gezwungen, ihr Trinkwasser aus dem Dorfe Saueni in Schläuchen und Fässern herbeizuholen. Die Häuser der Europäer haben hohe und geräumige Zimmer, und die meisten derselben besitzen alle die Bequemlichkeiten, an welche der Europäer sich gewöhnt hat. Von Kultusgebäuden sind vorhanden drei größere Moscheen, deren eine seit mehreren Jahrzehnten mit einem hohen, schlanken Minaret geschmückt ist, ferner zwei Synagogen und eine katholische Kirche. Letztere ist von den Franziskanern, die vor einigen Jahrzehnten von Tripolis aus eine Niederlassung in Bongasi gründeten, aus behauenen Sandsteinquadern in romanischem Style erbaut. Die Franziskaner sorgen auch für die Erziehung der Kinder unter der christlichen Bevölkerung. Dicht bei ihrem Kloster liegt das Hospital der französischen Schwestern, welche auch eine Töchterschule unterhalten. Durch Arzneiverteilung an die Armen haben sie sich auch bei der mohammedanischen Bevölkerung große Beliebtheit erworben. Die Stadt hat keine Mauern; zu ihrem Schutze wurde am Anfange des Jahrhunderts ein Castell erbaut, das auch den Hafen decken soll, aber schon recht baufällig ist, so daß es europäischer Artillerie keinen nennenswerten Widerstand leisten würde. In demselben befindet sich der Sitz der Regierung, eine Kaserne, das Gefängnis u. s. w. Neben dem Castell steht eine neue große Kaserne und das Militärhospital. Bei den vielen Mängeln der türkischen Verwaltung ist es auffällig, daß die Sanitätseinrichtung im allgemeinen eine gute genannt werden muß. In der Mitte der Stadt liegt der Hauptbazar, der elegant und zweckmäßig angelegt ist. Es läßt sich wohl kaum ein Gegenstand denken, der dort nicht zu kaufen wäre. Für Erfrischungen sorgen zahlreiche europäische und türkische Kaffeehäuser und noch mehr Schenken, in denen schlechte griechische und sicilianische Weine und Branntwein ausgeschenkt werden. Es giebt auch ein öffentliches Bad, das aber viel zu wünschen übrig läßt. Die zwei öffentlichen Brunnen sind ebenso wie die privaten brackisch, so daß das Wasser derselben nur zu Reinigungszwecken gebraucht werden kann. Die Consuln und sonstigen angesehenen Franken wohnen in der Nähe des Hafens; den Juden ist hier nicht wie in den meisten orientalischen Städten ein besonderes Viertel, Melha, angewiesen, sondern sie wohnen zwischen der mohammedanischen Bevölkerung. In einem der größten Häuser hat die Mailänder Gesellschaft für Handelserforschung Afrikas ihre Station; sie unterhält daselbst auch ein meteorologisches Observatorium. Die orientalische Kleidung wird immer mehr durch die europäische verdrängt. Ein reicher arabischer Kaufmann hält es für unumgänglich notwendig, französische Glanzstiefel zu tragen; auch ein Überzieher ist nichts Seltenes mehr, ebenso wenig das europäische Hemd. Die arbeitenden Klassen tragen enge Hosen, europäische Schuhe und ein europäisches buntes Hemd. Nur der Fez will noch nicht weichen.

Aus den reicheren Kaufleuten der Stadt wird von dem Gouverneur ein Rat gebildet, der aber nur eine beratende Stimme hat; auch Christen und Juden können in denselben aufgenommen werden.

Der Handel der Stadt ist ziemlich bedeutend; nach dem Berichte des britischen Konsuls betrug die Einfuhr im Jahre 1889 : 195 020 £ — 1890 : 174 155 — 1891 : 190 000 — 1895 : 107 800. Dieser steht eine Ausfuhr gegenüber, die im Jahre 1889 : 248 264 — 1890 : 268 903 — 1895 : 179 490 £ betrug. Das auffallende Sinken sowohl der Einfuhr als auch der Ausfuhr wird der großen Hungersnot zugeschrieben, die in den Jahren 1892 und 1893 das Land heimsuchte und einen großen Teil der Bevölkerung vollständig an den Bettelstab brachte Die beiden folgenden Tabellen, die dem schon mehrfach erwähnten Berichte des englischen Konsuls in Bengasi an das Auswärtige Amt entnommen sind, werden die beste Übersicht über den Handel bieten:

Einfuhr

Ware	Ort der Herkunft	Menge	Preis
Arabische Kleidung:			
Rote Mützen	Tunis	4000 St.	1000 £
Weiße Mützen. . . .	Alexandria, Mesurata.	20000 „	250 „
Kleiderstoff	Alexandria, Tripolis, Syrien	8000 „	1000 „
Fez	Konstantinopel, Alexandria	1000 „	150 „
Anzüge.	Tripolis	1000 „	2000 „
Wollene Umhänge . .	Tripolis, Tunis, Mesurata, Derna	15000 „	12000 „
Waffen	Malta, Tripolis, Smyrna.	250 „	500 „
Perlen	Tripolis, Italien	120 Ctr.	350 „
Teppiche	Persien, Syrien, Alexandria	200 St.	600 „
Bettdecken	Mesurata, Tunis	500 „	800 „
Kaffee	Genua, Malta, Tripolis, Kanea.	600 Ctr.	3000 „
Kohlen	Malta	500 T.	750 „
Arznei	Malta, Tripolis, Kanea	240	12000 „
Früchte:			
Bananen, Citronen, Orangen	Malta, Tripolis, Kanea, Derna	650 Ctr.	400 „
Datteln.	Mesurata, Ojela, Kufra	325 „	3400 „
Getrocknete Früchte .	Kanea, Smyrna, Malta	480 „	1800 „
Pulver	Mesurata, Griechenland, Malta.	240 „	1500 „
Eisen	Malta, Kanea . . . . , ...	1200 „	3500 „

Ware	Ort der Herkunft	Menge	Preis
Eisenwaren	Malta, Tripolis, Kanea, Konstantinopel	360 Ctr.	15000 £
Leder	Frankreich, Italien, Malta, Tripolis, Kanea	192 „	1200 „
Öl	Kanea, Tunis, Tripolis	3600 „	6000 „
Petroleum	Malta, Tripolis, Kanea	144 „	1500 „
Kartoffeln	Malta, Tripolis	2400 „	600 „
Reis	Malta, Alexandria	3850 „	1800 „
Säcke	Tripolis, England, Alexandria	20000 St.	500 „
Seidene Stoffe:			
Umhänge	Tripolis	1000 „	2500 „
Bänder	Alexandria	1000 „	250 „
Stickereien	Alexandria, Tripolis	12 Ctr.	1000 „
Tücher	Alexandria	3000 St.	1000 „
Mäntel	Alexandria	500 „	500 „
Schirting	Alexandria, Tripolis	8000 „	1200 „
Baumwolle	Malta, Tripolis, England	30000 „	2500 „
Kattun	Tripolis, Alexandria, England	16000 „	4800 „
Geköperter Kattun	Malta, Tripolis, England	50000 „	12500 „
Baumwollgarn	Tripolis, England, Frankreich	400 Pakete	200 „
Musselin	„ „ „	3000 St.	1000 „
Gedrucktes Zeug	„ „ „	6000 „	3000 „
Seife	Malta, Tripolis, Kanea	1200 Ctr.	1200 „
Thee	„ „ „	72 „	550 „
Wein, Spiritus	„ „ „	—	2500 „
Holz	Malta, Kanea, Konstantinopel	30000 Dielen	1500 „
		1420 T.	} 107800 £
		14770 Ctr.	

Ausfuhr

Gegenstand	Bestimmungsort	Menge	Wert
Gerste und Weizen	Tripolis, Mesurata, England, Derna	12300 T.	75000 £
Butter	Kanea, Tripolis, Tunis, Alexandria	2400 Ctr.	7150 „
Holzkohle	Tripolis, Kanea	2880 „	150 „
Farbholz	Alexandria	24700 T.	11700 „
Felle	Marseille	360 Ctr.	1800 „
Honig	Tripolis	36 „	50 „
Elfenbein	England	355 „	9250 „
Straußenfedern	England, Frankreich	473 „	55450 „
Pfeffer	Tripolis, Tunis, Algier	1440 „	1250 „

Gegenstand	Bestimmungsort	Menge	Wert
Wolle	Malta, Frankreich, Mesurata	4324 Ctr.	6200 £
Holz	Tripolis, Kanea	2400 „	50 „
Tiere:		37050 T. 14676 Ctr.	}168050 £
Kamele	Alexandria	300 St.	1500 £
Rindvieh	Malta	960 „	3740 „
Pferde	Alexandria, Malta, Tripolis	50 „	200 „
Schafe, Ziegen	Alexandria, Tripolis, Kanea, Malta . . .	1200 „	6000 „
		13310 St.	11440 £
	Gesamtwert . . .		179490 £

In dem Laufe eines Wadi im Osten der Stadt kann man den Lethefluß der Alten wiedererkennen. Dasselbe beginnt mit der Höhle el Giok, in deren Anfange das Wasser nur flach ist, in deren Innern es jedoch breit und tief sein soll. Es zieht sich von Westen nach Osten hin und wird 1 km von dem Salzsee, dem Tritonsee der Alten, durch eine Felswand abgeschlossen. Wenn man nun dieselbe Richtung zu dem See hin weiter verfolgt, stößt man auf eine Süßwasserquelle, welche einen zwar kleinen, aber immer fließenden Bach in den See abgiebt. Nach der Regenzeit soll, wie die Eingeborenen behaupten, das Wasser weiter oberhalb der Quelle aus dem Boden kommen, was darauf schließen läßt, daß die Quelle trotz der Felsbarriere mit dem aus der Höhle kommenden Wasser in unterirdischer Verbindung steht. So konnte bei den Alten leicht die Vermutung von dem Verschwinden und Wiedererscheinen des Lethe aufkommen.

Aus den Salzseen in der Nähe von Bengasi wird viel Salz gewonnen, so daß nach der Levante jährlich 5 000 000 Oka (à 1283 gr.) ausgeführt werden. Der starke Salzgehalt, welcher in den Seen bei Bengasi sich zeigt, ist für die Kultur durchaus kein Vorteil. Nur die Palme und die Olive gedeihen gut in diesem salzhaltigen Boden, während Obst und Gemüse gar nicht darin fortkommen und daher aus anderen Gegenden bezogen werden müssen. Die in der Nähe der Stadt gelegenen Gärten sind auf Matten gebettet, die fortwährend erneuert werden müssen. Sie sollen das Aufsteigen des Salzwassers und andererseits das Durchsickern der Düngerjauche verhindern. Es leuchtet ein, daß eine solche Art der Kultur sehr mühevoll und zugleich sehr kostspielig ist. Weiterhin ist die Ebene aber sehr fruchtbar und hat viele Gärten, die als wahre Eden bezeichnet werden können. Feigen, Datteln, Äpfel, Trauben sind ihre Produkte. Dort ist auch frisches süßes Wasser. Östlich von den Salzseen findet man einige Felskessel mit steilen Rändern, deren Boden die üppigsten Bäume und Küchengewächse enthält, und die so tief sind, daß die Kronen der Bäume nicht über den Rand emporragen. In diesen Einsenkungen glauben viele Reisende die Gärten der Hesperiden wiederzuerkennen. Doch hat die Gegend im Laufe der Jahrhunderte in Bezug auf die Vegetation eine starke Wandlung erlitten, so daß es heute unmöglich ist, mit Bestimmtheit einen Ort als den Platz der Hesperiden-Gärten nachzuweisen. Nach Osten hin wird der Boden immer fetter und die Vegetation üppiger, zuletzt findet sich so viel Gebüsch, meist Lentisken, Myrten und eine weißdornähnliche Staude, daß jede Fernsicht dadurch verhindert wird. Felsblöcke und Steingeröll, die kümmerlichen Überreste ehemaliger Herrlichkeit, sind ganz von den Pflanzen überwuchert. In der Mitte zwischen Bengasi und dem Salzsee Bersis liegen einige Steinwohnungen, sonst sieht man auf der ganzen Strecke nur die Zeltdörfer der Beduinen, Fereg genannt. Auch an dem See selbst befindet sich ein solches, da die umwohnenden Araber, nicht die Regierung, das Salz desselben ausbeuten. Die Gegend ist bei Reichtum an Wasser sehr fruchtbar, aber fast unbebaut, nur einige Gemüsegärten lassen erkennen, daß Menschen hier hausen. Nordöstlich vom Bersis-See an der Küste (30⁰ 30′ N.) liegt Tokra, das alte Tauchira, zu Edrisis Zeit (1150) noch ein bedeutender, stark bevölkerter Ort, heute aber gänzlich verfallen. Nur die kolossale Ringmauer ist gut erhalten; an einigen Stellen ist dieselbe noch 15—18 Fuß hoch und 6 Fuß breit, an manchen wird sie allerdings nur noch durch Schutt bezeichnet. Innerhalb derselben und in der Umgegend haben Araber vom Stamme der Bragta ihre Ackergründe; sie halten sich hier nur bis zur Zeit der Ernte auf, während dieser Zeit benutzen sie die alten Gräber als Wohnungen, später ziehen sie mit ihren Herden auf die Hochebene. Vor ungefähr dreißig Jahren haben die Senusi dort ein Kloster angelegt.

Der Weg von Tokra nach Tolmetta, bei den Alten Ptolemais, ist über alle Maßen malerisch. Die hier sehr schmale Ebene ist größtenteils angebaut; nach Osten hin nimmt die Höhe der Berge zu. Unter den Pflanzen bemerkt man vor allen den Johannisbrotbaum und den Lorbeerbaum. Nach Edrisi war Tolmetta ein sehr fester, mit Mauern umgebener Platz, wohl geschützt und viel von Schiffen besucht. Der Hauptverkehr fand mit Alexandria statt. Er sagt: „Man bringt Stoffe aus Kotton und Leinwand dorthin, die man gegen Honig, Theer und Butter umtauscht." Auch zu Abulfedas Zeit war der Ort gut bevölkert, besonders von Juden. Jetzt ist er ganz unbewohnt. Zwischen den Ruinen haben die Beduinen ihre Saatfelder. Unterscheiden kann man noch die Mauern eines Amphitheaters und die einer Kirche aus dem zweiten oder dritten Jahrhundert. Erhalten ist außerdem noch eine große Cisterne mit neun Gewölben, die von oben Licht und Luft bekommen; eine kleinere Cisterne enthält noch heute Wasser. Deutlich sind auch noch die Reste einer Quaderbrücke zu erkennen.

Von Tolmetta aus gelangt man durch eine Schlucht, das Schaba-Thal, auf die erste Stufe des Hochlandes, die ungefähr 300 m über dem Meere liegt. Sie ist ungefähr 8 km breit, hat auch guten Boden, ist aber nicht besser bebaut als der übrige Teil des Landes. Die zweite Stufe liegt nur 40 m höher und hat ebenfalls noch fruchtbaren Boden. Sie ist ungefähr 20 km breit. Diese Stufe wird durch einen von Nordosten nach Südwesten streichenden Gebirgszug abgegrenzt, dessen höchste Punkte im Norden der Djebel Dendach, im Südwesten der Djebel Saffuat el Merg sind. Am Fuße des letzteren liegt der Süßwassersee Moaudj, der ungefähr 15 km lang und 5 km breit ist. Kleinere Seen ohne Abfluß finden sich auf dieser Stufe in Menge. Eine Menge Blumen giebt den unzähligen Bienenschwärmen hinreichende Nahrung. — Trotz des fetten Bodens ist das Gebiet nur spärlich bevölkert, nur hin und wieder erblickt man ein Zeltdorf der Auama oder Abit. Die oberste Stufe ist frei von Sümpfen, und die Pflanzen gedeihen hier bei weitem nicht mehr so gut wie auf der vorhergehenden. Trotzdem finden sich hier noch viele, und die Ölbäume tragen hier die schönsten Früchte. Wenn dieselben nicht von den Küstenbewohnern gesammelt werden, verderben sie nutzlos. Rohlfs meint, daß es bei dem hohen Alter des Ölbaums wohl möglich, ja sogar wahrscheinlich sei, daß diese Pflanzungen noch von den Alten herrührten.

Auf dem Plateau, in südlicher Richtung von Tolmetta, nicht weit von der Westspitze des Garig-Sees, finden wir Merg oder Merdj, ohne Zweifel das alte Barka. Dieser Ort umfaßt ungefähr 100 Gebäude mit etwa 1200 Einwohnern, zu denen noch 150 Mann Cavallerie als Besatzung der Burg kommen. Die Bevölkerung besteht aus Beduinen, etwa 70 Juden und einigen mohammedanischen Griechen von Kreta. Selbstverständlich haben die Senusi hier eins ihrer Ordenshäuser. Der Boden ist hier fast ausschließlich mit Gerste bebaut, eine große Strecke ist für Wiesen, die hier üppig gedeihen, frei gelassen. Von Bäumen finden sich nur einige Palmen- und Feigenbäume, sonst sind nur die kleineren Arten vertreten. Im Westen von Merg liegen die Ruinen von drei großen Wasserbehältern römischer Bauart und von mehreren Wasserleitungen.

Die Provinz Merg wird von einem Kaimakam regiert, der in Bengasi residiert und nur im April, Mai und Juni in seine Provinz geht, um die Steuern einzutreiben, wobei er stets von einem starken Gefolge von Soldaten begleitet ist. In diesem Gebiete wird bedeutende Pferdezucht getrieben.

Ungefähr in der Mitte zwischen Tolmetta und Ain Schahat liegt das Qasr Bengedem oder Benigdem. Dasselbe ist 80 Schritt lang und 40 breit; die ziemlich gut erhaltenen Wände sind an einigen Stellen noch 40 Fuß hoch. Die Außenseiten sind aus großen behauenen Quadern aufgeführt. Offenbar aus der Römerzeit stammend hat es zum Schutze gegen die Nomaden gedient. Die vielen Ruinen der Umgebung nötigen zu dem Schlusse, daß hier ein größerer Ort lag, und zwar wahrscheinlich Balakrai, da die von den Alten angegebenen Entfernungen — 12 Meilen von Ptolemais und 15 Meilen von Kyrene — ungefähr stimmen. Eine Menge von natürlichen und künstlichen Höhlen scheinen den Libyern zu Wohnsitzen gedient zu haben, wenigstens sind viele derselben ganz als solche eingerichtet. Der in der Umgegend sich aufhaltende Stamm der Brassa bewies sich gegen Rohlfs sehr zudringlich.

Nicht weit von Bengedem beginnt eine Reihe von Ruinen, die sich bis zur Stätte des alten Kyrene hinzieht. Eine tief in den Fels einschneidende alte Fahrstraße führt dorthin, zu beiden Seiten von Sarkophagen eingefaßt. „Eigenthümlich, ohne Menschen zu sehen, ohne Wohnungen anzutreffen, sollte man nicht glauben, im Reiche der Toten zu sein? Auf Schritt und Tritt Totengrüfte, Grabnischen, Tausende von Sarkophagen, die ungeheure Nekropole, gegen welche die eigentlichen Städteruinen verschwindend klein sind, lassen bei den Reisenden den Gedanken aufkommen, im Reiche der Toten zu sein." Da Kyrene seit mehr als einem Jahrtausend nicht mehr bewohnt ist, hat sich die Stadt gut erhalten, so daß man die ehemaligen Bestandteile noch ziemlich genau unterscheiden kann. Ganz unbewohnt ist die Stätte jetzt freilich nicht, denn an der Stelle, wo einst neben der Apolloquelle der Tempel dieses Gottes stand, haben jetzt die Senusi ihr Kloster errichtet. Außer dieser festen Wohnung befinden sich nur noch Beduinenzelte in der Gegend. Der jetzige Name der Quelle ist Ain es Schahat (Ewige Quelle) und dieser Name hat sich nun auf die ganze Ruinenstätte übertragen. Nach Barth soll die mittelalterliche Form für Kyrene „Grennah" oder „K'renna" nur noch den gelehrten Anwohnern bekannt sein. Rohlfs fand den Namen Ain Krennel wieder in dem Namen einer Quelle im Wadi bel Ghadir, welche viele Ähnlichkeit mit der Apolloquelle hat und fast ebenso mächtig ist.

Auch der Hafen des alten Kyreno ist heute verlassen, nur ziemlich gut erhalten sind die Befestigungswerke sowie die Ruinen von drei großen Basiliken. Der heutige Name der Städte ist Mirsa Susa, Hafen von Susa, offenbar aus Σώζουσα, wie die Stadt unter Justinian benannt wurde, entstanden. Der hier aufgeworfene Sand hat eine korallenrote Färbung, denn ein Drittel seiner Masse besteht aus Korallenteilen.

Nächst Bengasi der bedeutendste Ort im Lande ist Derna, das alte Darnis. Der abgeschlossene Küstenraum, in dem die Stadt liegt, ist ein großer Garten voll Oliven, Feigen, Weinreben, Citronen und Orangen. Über alles aber ragen die Kronen der Palmen mit ihren reichen Fruchttrauben hervor. Die Straßen der Stadt sind regelmäßig, die Häuser aber niedrig, klein und ärmlich. Die Stadt wird von zwei kleinen Flüßchen und dem tiefen romantischen Wadi Derna durchschnitten. Sie zählt 6000 Einwohner, unter denen 80 Juden und einige Europäer sind. Mit Malta und Kreta wird ein ziemlich lebhafter Handel betrieben; die Engländer unterhalten hier ein Vize-Konsulat. Der Hafen ist sehr schlecht; im französischen Kriege gegen Ägypten versuchte der französische General Gantheaumer hier vergeblich eine Landung. Auch die Vereinigten Staaten versuchten hier festen Fuß zu fassen und errichteten zu diesem Zwecke auf einem Hügel in der Umgebung der Stadt ein Schloß. Da der Hafen sich aber als durchaus unbrauchbar erwies, gab man den Plan wieder auf, und die Burg ist seitdem verfallen. In der Stadt befinden sich drei Klöster. Die Felsabhänge in der Nähe der Stadt sind von zahllosen Bienenschwärmen bewohnt, die viel Honig liefern. — Auf der Felseninsel Mestemelka in der Nähe von Derna findet man mehrere antike in Stein gehauene Bäder.

In dem herrlichen, quellenreichen Thale Ain Mara westlich von Derna sind Reste einer alten Straße bemerkbar, die vielleicht von Kyrene nach Darnis führte. Da die Senusi dort ein Kloster haben, das von den Beduinen als ein Heiligtum betrachtet wird, ist es für Europäer sehr schwer, ja sogar gefährlich, dorthin zu gelangen. In der Nähe des Thales liegen viele Ruinen, unter denen die Tempelruine Gubba besonders interessant ist. In derselben Richtung nach Westen gehend, stößt man auf das alte Römerschloß Gasr Nesua und das türkische Kastell Ghaigab oder Ghegab. Dasselbe ist von einer Kompagnie Infanterie besetzt; von dem Zustande dieser Garnison kann man sich eine Vorstellung bilden, wenn man hört, daß der Kommandant derselben zur Zeit, als Rohlfs das Land bereiste, seine Fußbekleidung versetzt hatte, um seinen Durst löschen zu können. Übrigens fand sowohl Rohlfs wie auch später Camperio dort freundliche Aufnahme. In der Nähe von Ghegab finden sich viele Ruinen von römischen Schlössern und Villen, und zahlreiche Spuren deuten die Wege an, welche einst die Gegend nach allen Richtungen durchzogen.

Wenn wir den heutigen Zustand des Landes betrachten, so erscheinen uns die Nachrichten der Alten über dasselbe märchenhaft, und doch sind dieselben so wohl verbürgt, daß jeder Zweifel ausgeschlossen ist. Die Gründung von Kyrene, der Stadt, die späterhin der ganzen Landschaft ihren Namen gab und von vornherein den Mittelpunkt des Hellenentums in diesen Gegenden bildete, fällt in das Jahr 631 v. Chr. Sie ist natürlich von der Sage wunderbar ausgeschmückt, auch der größte Lyriker der Griechen, Pindar, hat sich ihrer bemächtigt. So viel darf als geschichtlich feststehend betrachtet werden, daß die Colonisation durch Dorier von der Insel Thera erfolgte, und zwar unter Leitung des Battos. Über die Veranlassung erzählt Herodot folgendes: Grinos, der Herrscher von Thera, kam mit mehreren Großen seines Landes nach Delphi, um dem Gott ein Opfer darzubringen. Der Grund wird nicht angegeben, doch können wir aus der Antwort schließen, daß auf der Insel Unfrieden herrschte und der König Abhülfe suchte. Das Orakel trägt ihm auf, in Libyen eine Stadt zu gründen. Grinos entschuldigt sich mit seinem Alter und schlägt seinen jüngeren Begleiter Battos vor. Da aber Libyen ein vollständig unbekanntes Land ist, findet sich niemand bereit, dem Battos zu folgen. In den nächsten Jahren fällt auf der Insel kein Regen, so daß alle Bäume bis auf einen verdorren. Auf Befragen erinnert die Priesterin an jenen ersten Auftrag, der nun auch Beachtung findet. Nachdem man sich auf der Insel Kreta nach dem unbekannten Lande erkundigt hat, segeln zwei Pentekonteren dahin ab. Battos ist der Führer der Colonisten. Zunächst wird die Insel Platea besetzt, als die Einwanderer aber erfahren, daß diese nicht gemeint sei, lassen sie sich an der gegenüber liegenden Küste in Aziris nieder. Nach sechs Jahren führen die Libyer sie nachts an dem schönsten Punkte des Landes vorbei zu der Quelle des Apollo, wo sie Kyrene gründen. Battos wird der erste König. Größere Ausdehnung gewinnt die Colonie aber erst unter dem dritten Battiaden, Battos II., dem Glücklichen. Wahrscheinlich auf sein Betreiben ermahnt die delphische Priesterin alle Griechen, nicht mehr mit der Auswanderung nach dem reichen Lande zu zögern, so daß nun aus allen Staaten Griechenlands Zuzug kommt. Die Libyer, welche bisher mit den Fremden in freundschaftlichem Verhältnisse gelebt, wollen sich jetzt die weitere Schmälerung ihres Besitzes nicht mehr gefallen lassen. Aber zu schwach, um allein mit Erfolg Widerstand leisten zu können, erkaufen sie sich die Hülfe des ägyptischen Königs Apries, indem sie sich demselben unterwerfen. Dieser wird jedoch von den Kyrenäern besiegt und verliert infolgedessen seinen Thron. — Der folgende König, Arkesilaos II., zerfiel mit seinen Brüdern, so daß diese auswanderten und Barka, das bis dahin ein rein libyscher Ort war, in eine griechische Stadt umwandelten. In Kyrene selbst herrschten fortan Zwistigkeiten und Unruhen, so daß schließlich der weise Mantineer Demonax zur Ordnung der Verhältnisse berufen wurde. Dieser schränkte die königliche Gewalt so weit ein, daß nur der Schein derselben bestehen blieb. Doch die Ruhe wurde nicht eher wieder hergestellt, bis Arkesilaos IV. gestürzt wurde und damit überhaupt die Königsherrschaft endete. An ihre Stelle trat die Demokratie, unter der die Stadt ihre höchste Blüte erreichte: Ackerbau, Handel und Schiffahrt, Kunst und Wissenschaft nahmen den gewaltigsten Aufschwung. Aber ähnlich wie im hellenischen Mutterlande war hier in der Colonie ein fruchtbarer Boden für Parteiumtriebe und weiterhin für eine Tyrannis. Zum Unglück hatte die Stadt von außen nichts zu befürchten, da die umwohnenden Hirtenvölker zu einem Angriffe zu schwach waren. Es fehlte daher jede Gelegenheit, die Kräfte in ernstem Kampfe zu stählen; so versank die Bevölkerung infolge des Wohlstandes in Üppigkeit und die damit verbundenen Laster. Als Plato aufgefordert wurde, Gesetzgeber der Stadt zu werden, lehnte er dies nach Plutarchs Berichte ab, weil es den Einwohnern zu gut ergehe und solche Leute auf keinen Rat zu hören pflegten. — Zu Alexander dem Großen stellte sich die Republik in freundschaftliche Beziehung, indem sie ihm nach Diodor kostbare Geschenke, z. B. dreihundert Kriegspferde und fünf Viergespanne übersandte, wofür er sich ihre Bundesgenossenschaft gefallen ließ. Die Selbständigkeit der Stadt sollte jedoch nicht mehr lange dauern; von den Kyrenäern gegen den griechischen Söldnerführer Thimbron zu Hülfe gerufen, eroberte Ptolemäus Lagi das Land und behielt es für sich. Die Hauptstadt verlor ihre frühere Bedeutung, indem andere Städte durch die Gunst der Ptolemäer emporkamen. Apollonias, Ptolemais, Arsinoe (Tauchira), Berenice und Kyrene bildeten von nun an mit gleichen Rechten die Pentapolis, d. h. den in Abrundung zusammenhängenden, dem größeren Teile nach von Menschen griechischer Abkunft bewohnten Strich der eigentlichen Kyrenaika. Zuweilen residierte noch im Lande ein Prinz aus königlichem Hause, der dann das Gebiet mit größerer oder geringerer Selbständigkeit verwaltete. Infolge von Thronstreitigkeiten zwischen den beiden Brüdern Ptolemäus VI. und Ptolemäus VII. Physkon mischten sich die Römer ein und ordneten an, daß der letztere Kyrenaika mit Cypern als selbständiges Gebiet erhalten sollte, 158 vor Chr. Sein Sohn Ptolemäus Apion setzte durch Testament die Römer zu Erben seines Landes ein, 96 v. Chr. Diese erklärten die einzelnen Städte für selbständig, wodurch dieselben aber nichts gewannen, da Ruhe und Frieden nicht zu bewahren waren. Im Jahre 87 wurde Lucullus von Sulla hingeschickt, um die Verhältnisse zu ordnen, was ihm aber nicht gelang. 66 v. Chr. wurde das Gebiet von Kyrenaika mit Kreta vereinigt, zuerst unter einem Proprätor, später unter einem Prokonsul. Auch unter römischer Herrschaft erholte sich das Land nicht, da die neuen Herren sich zu wenig um die Colonie kümmerten. Lange stritt man sich über die Benutzung der Staatsländereien, bis diese von dem Kaiser Claudius den Städten zuerkannt wurde. Unter dem Kaiser Trajan fand ein furchtbarer Aufstand der Juden statt: 220000 Römer und Griechen sollen nach Dio Cassius ermordet worden sein. Die Schilderung, welche uns dieser Gewährsmann von der Empörung giebt, macht allerdings den Eindruck der Übertreibung, doch wird die Zahl der Gefallenen auch von anderen Schriftstellern so hoch angegeben. Hadrian schickte von neuem Colonisten in das Land, ohne aber dadurch die Zahl der Getöteten ersetzen zu können. Unter Konstantin wurde Kyrenaika von Kreta getrennt und als selbständige Provinz unter dem Namen Libya superior eingerichtet. Eifrige Sorge wandte dem Lande der Kaiser Justinian zu, doch erzielte auch er keine größeren Erfolge als Hadrian. Im Jahre 647 fiel dies Gebiet mit den übrigen Nordafrika in die Hände der Araber.

Als Grenze des Gebietes gegen Karthago wurden die sog. Arae Philaenorum, zwei Hügel, über deren Entstehung Sallust eine fabelhafte Erzählung bringt, angesehen. Sie lagen an dem südlichsten Punkte der großen Syrte, waren aber schon zu Strabos Zeiten nicht mehr zu erkennen. Infolge eines Streites mit Ägypten wurde eine Grenzlinie mitten durch

Marmarika gezogen bei dem großen Katabathmos, der bis auf die römische Zeit der östlichste Punkt des Landes blieb. Die Römer schlugen aber ganz Marmarika wieder zu Ägypten, und seit der Zeit wurde Axilis als Ostgrenze angenommen. Im Süden hat nie eine eigentliche Grenzlinie bestanden.

Der Name der ursprünglichen Hauptstadt war Κυρήνη oder Κυρῆναι, abgeleitet von der Quelle Κύρα, an der die Stadt lag; die Mythe bringt ihn in Zusammenhang mit dem Namen der Tochter des Lapithenkönigs Hypsens Κυρήνη, die Apollo entführt, nach Libyen bringt und dort in eine Quelle verwandelt. Unwillkürlich fragt man, warum die griechischen Ansiedler nicht das malerisch gelegene fruchtbare Küstenland wählten. Natürlich war der Grund ein anderer als der von Herodot angegebene. Der schmale Küstensaum bot für eine größere Colonie nicht hinreichenden Raum, und eine kleinere konnte in dieser von dem Mutterlande so weit entlegenen Gegend nicht bestehen. Wer aber die Höhe beherrschte, hatte nicht nur genügenden Spielraum, sondern besaß auch zugleich die Ebene. „Welche Lage aber wäre schöner, wäre passender gewählt, als diejenige Kyrenes! Zwei vom Hochplateau zu beträchtlicher Höhe ansteigende Kuppen, die sich steil ins Tiefland nach Norden hinabsenken, nach Westen und Südwesten von tiefer Schlucht begrenzt sind; zwischen den beiden Kuppen eine kleine Thalsenkung, ein natürlicher Mittelweg, die Hauptverbindungsstraße, welche König Battos leichtem Verkehr eröffnete!" (Barth.) Den Mittelpunkt der Stadt bildete die heilige Quelle des Apollo, neben derselben stand der Tempel dieses Gottes. Nicht weit von dem Tempel befand sich das Grabmal des als Heros verehrten Battos. Am Abhange der westlichen Kuppe lag das Theater, dessen Sitzreihen in den Felsen eingehauen waren, und zwar so, daß man von ihnen über das malerisch gestaltete Terrassenland auf das Meer blicken konnte, wo sich die Schiffe der Stadt bewegten. Außer dem griechischen Theater entstanden in späterer Zeit noch zwei römische, von denen das kleinere zu musikalischen Aufführungen bestimmt gewesen zu sein scheint. Auf der östlichen Kuppe lag die Rennbahn. Von öffentlichen Bauten und Anlagen sind außerdem noch zu erwähnen mehrere Tempel, unter denen ein besonders prachtvoller, der Hera, aus christlicher Zeit eine Kirche, ferner ein großer Wasserbehälter, der eine Länge von 200 Schritt und eine Breite von 150 Schritt hatte. Die Akropolis lag auf der westlichen Kuppe. In den Schluchten und Felsen in der Umgebung der Stadt befanden sich die Gräber. Diese Beerdigungsweise ist nicht ursprünglich hellenisch, vielleicht verleitete die Lage, vielleicht auch das Beispiel der Ägypter dazu.

Über die Ausdehnung des Handels sind wir im einzelnen leider nur ungenau unterrichtet; daß er bedeutend war, können wir aus dem in jeder Beziehung sich äußernden Wohlstande der Stadt schließen. Sie vermittelte den Verkehr mit den im Hinterlande wohnenden Libyern, denen sie ihre eigenen Produkte wie die des Mutterlandes zuführte. Daß eine sehr rege Verbindung mit den libyschen Stämmen bestanden haben muß, geht aus der genauen Bekanntschaft Herodots mit denselben hervor, denn nur so können wir uns dieselbe erklären.

Mit dem wachsenden Wohlstande kamen Manufakturen aller Art auf; wahrscheinlich aus Wachholderholz wurden die hochberühmten wohlduftenden Möbel verfertigt, von denen namentlich die Thyaden oder Trinktische beliebt waren. Berühmt waren auch die kyre-

näischen Thongefäße, die schon im 5. Jahrhundert v. Chr. vielfach nach Griechenland
exportiert wurden. Auch zeichneten sich die Bewohner Kyrenes in der Bearbeitung edler
Metalle, in der Herstellung von Gold- und Silbermünzen aus. Viel gesucht waren auch
die aus Kyrene kommenden Rosenwasser und andere wohlduftende Pflanzenprodukte.

Zahlreich sind die Gelehrten des Altertums, welche Kyrene ihre Vaterstadt nennen.
Da ist zunächst der Philosoph Aristippus zu erwähnen, dessen Schule sogar nach Kyrene
benannt ist. Auf seinem Lehrstuhle folgten ihm Tochter und Enkel. Seine libysche
Geschichte ist leider verloren. Aus Kyrene stammte auch Karneades, ferner Eratosthenes,
berühmt als Astronom und Geograph, dann der Dichter Kallimachus, dem Suidas 800
Werke zuschreibt, und der durch seine Schriften bekannte Bischof Synesius. Wenn diese
Männer auch nicht alle in ihrer Vaterstadt ihre Bildung erhalten haben, so zeigen sie
doch, daß die Bevölkerung höheren Interessen nicht abgeneigt war. Leider sank die Stadt
schon früh, als unter den Römern die Einfälle der Nomaden häufiger wurden. Synesius
entwirft von seiner Vaterstadt ein trauriges Bild: „Kyrene, eine griechische Stadt, ein
alter und geachteter Name, gefeiert in den unzähligen Liedern der alten Weisen, jetzt
arm und niedrig und ein großer Trümmerhaufen, die der königlichen Milde bedarf, wenn
sie etwas ihres alten Ruhmes Würdiges leisten soll". Daß er hierbei absichtlich über-
treibt, geht aus seinen Briefen hervor, in denen er von dem Glanze der Stadt spricht,
von dem Schatten der Haine, von den lieblichen Flüßchen, vom Gesange der Vögel, von
den herrlichen Düften der Blumen und Wiesen, von der einladenden Nymphenhöhle. Bald
aber scheint die Stadt vergessen zu sein, schon unter Justinian wird sie nicht mehr
erwähnt. Die Einfälle der Sarazenen zerstörten vollends, was etwa noch übrig geblieben war.

Kyrene lag 80 Stadien von der Küste entfernt; von der Thalsenkung zwischen den
beiden Kuppen führte ein Weg dorthin. Naturgemäß mußten die griechischen Ansiedler,
von Jugend auf an das Meer gewöhnt, ein lebhaftes Bedürfnis nach einem Hafenplatze
empfinden, teils um die Verbindung mit dem Mutterlande aufrecht zu erhalten, teils auch
um die überflüssigen Produkte auf den Markt zu bringen. Kleine vor dem Festlande
liegende Felseninseln bildeten mit einer von jenem nach Westen vorspringenden Spitze
eine natürliche Schutzmauer gegen Stürme. Gegen das Land hin wurden künstliche Be-
festigungen angelegt. So war der Hafen fertig, und an demselben entstand eine Stadt,
die bald einen bedeutenden Aufschwung nahm. Lange hatte sie keinen eigenen Namen,
sondern wurde nur als Hafen von Kyrene bezeichnet. Erst in der ptolemäischen Zeit
scheint der Name Apollonia aufgekommen zu sein, unter Justinian erhielt sie wegen ihres
schützenden Hafens den Beinamen Σώζουσα d. h. die Schützende. Auch diese Stadt hatte
ein griechisches Theater, die meisten Gebäude stammen dagegen aus der Zeit, wo die
Stadt der Sitz eines Bischofs und zugleich in politischer Beziehung Vorort der Pentapolis
war; die wichtigsten derselben waren drei große Basiliken. Etwa eine Stunde von der
Stadt entfernt befand sich eine Quelle, deren Wasser in die Stadt geleitet wurde.

Während der Selbständigkeit von Apollonia diente ein kleiner Hafen an dem Vor-
gebirge Phykus, heute Ras Sem genannt, etwa 4 Ml. westlich von Apollonia, den Bewohnern von Kyrene als Landungsplatz.

Die zweite Stadt des Landes war Barka, 100 Stadien vom Meere entfernt. Es war der uralte Hauptort einer libyschen Bevölkerung, die zu den Griechen in Kyrene in freundschaftlichen Beziehungen stand. Obwohl die Stadt nach Aufnahme der mißvergnügten Kyrenäer einen griechischen Charakter annahm, scheint die Regierung doch in den Händen der einheimischen Fürsten geblieben zu sein. Nach der Eroberung durch den persischen Feldherrn Aryandes blieb nur das geringe Volk in der Stadt zurück, auch unter den Ptolemäern erhielt sie sich nur als libyscher Ort; nach Ptolemäus wird sie von keinem Schriftsteller des Altertums mehr erwähnt. Unter den Arabern dagegen gelangte die Stadt noch einmal zu größerer Bedeutung, indem sie eine wichtige Station für den Karawanenhandel wurde. Nach Edrisis Ausspruch konnte keine andere Stadt ihr gleichgestellt werden. Viele Gerbereien verarbeiteten Ochsenhäute und Tigerfelle, und durch Land- und Seeverkehr wurden die Produkte der reichen Umgebung ausgetauscht. Unter den ausgeführten Gegenständen waren am wichtigsten Vieh, Honig, Oel und Pech.

Mit dem Verfalle von Barka war das Emporkommen der Hafenstadt Ptolemais verbunden; wie schon ihr Name beweist, kam sie besonders in der ptolemäischen Zeit zur Blüte. Der Hafen war für die damaligen Verhältnisse ausgezeichnet zu nennen; durch eine Felsspitze, die vom westlichen Ufer der Stadt ins Meer geht, gebildet, war er außerdem durch die Insel Ilos geschützt. Da diese Stadt später der Sitz eines Bischofs und Hauptort des Landes wurde, sind die ursprünglichen Gebäude fast alle überbaut oder umgebaut. Ptolemais sank erst mit dem allgemeinen Verfall des römischen Reiches und zwar hauptsächlich infolge des Wassermangels, da das zur Unterhaltung der Wasserleitungen nötige Geld fehlte. Auch Justinians Bemühungen für die Stadt hatten keinen dauernden Erfolg. Doch verlor dieselbe auch nach dem Einfalle der Araber ihre Bedeutung nicht ganz.

Etwa sechs Stunden südwestlich von Ptolemais lag Tauchira oder Teuchira, von Kyrenäern gegründet, und zwar wahrscheinlich damals, als unter Battos II. der starke Andrang hellenischer Colonisten stattfand. Anfänglich war dieser Ort von Kyrene abhängig und hatte auch dieselben Gesetze; später jedoch schlossen sich die Bewohner Barka an. Teuchira scheint in der Geschichte keine große Rolle gespielt zu haben, da sie nicht oft erwähnt wird. In der ptolemäischen Zeit erhielt die Stadt eine starke Ringmauer, die später von Justinian erneuert und verbessert wurde. Die Nekropolis ist groß, was auf eine bedeutende Bevölkerung schließen läßt. Die späteren Bezeichnungen für diesen Ort, Arsinoe unter den Ptolemäern und Cleopatris unter Marcus Antonius, sind vergessen.

Die Küste von Teuchira bis Berenice ist rauh und gefährlich, deshalb legten die Griechen hier keine Colonie an. Unter Hadrian entstand aber in der Mitte zwischen beiden genannten Städten der diesem Kaiser zu Ehren benannte Ort Hadrianopolis oder Hadriane. Offenbar ist diese Stadt von den durch Hadrian in das Land geschickten Colonisten gegründet.

Die westlichste der fünf größeren Städte war Hesperides oder Euesperides, schon früh von den Kyrenäern angelegt, doch läßt sich der Zeitpunkt der Gründung nicht genau angeben. Dieser Name rührt daher, daß man hier die vielgenannten Gärten der Hesperiden suchte. Die Stadt gewann bald große Bedeutung, hatte aber sehr viel mit den Libyern zu kämpfen. So wurde sie auch im Jahre 413 von denselben belagert; zum Glück wurde jedoch eine nach Sicilien bestimmte Flotte der Peloponnesier nach Libyen verschlagen, und die Mannschaft derselben befreite die hartbedrängten Stammesbrüder aus ihrer Not. Unter dem dritten Ptolemäer wurde der Ort Beronice genannt, nach der Gattin desselben; da dieser Herrscher die Stadt in jeder Weise begünstigte, bürgerte sich der Name bald ein und erhielt sich. Außer dem Handel trug die Fruchtbarkeit der Umgegend das meiste zu dem Wohlstande der Stadt bei; nach Herodot trug diese hundertfältige Frucht. So können wir es uns leicht erklären, weshalb die Alten einstimmig die Gärten der Hesperiden hierher verlegen. Östlich von der Stadt lag der berühmte Triton-See. Sechs Meilen südwestlich von Berenice lag die Landspitze Borion, die gewöhnlich als der Anfang der Syrte betrachtet wurde. An dieser befand sich ein gleichnamiger Flecken, in dem viele Juden wohnten. Obwohl diese erst unter den Ptolemäern einwanderten, vergaßen sie dies bald und behaupteten später, daß der dortige Tempel, dem sie hohe Verehrung widmeten, schon von Salomo angelegt worden sei. Doch Justinian nahm hierauf keine Rücksicht, sondern verwandelte den Tempel in eine Kirche und zwang die Juden zur Annahme des christlichen Glaubens. Den Ort selbst ließ er mit einer starken Mauer umgeben, da die Lage sehr wichtig war, indem die Berge hier nahe an die Küste treten und nur einen engen Paß frei lassen. Da die Einwohner von Borion sich verpflichteten, diesen zu schützen, wurden sie von Abgaben befreit.

Die östlichste Stadt der Kyrenaika war Darnis, anfangs ein kleiner Ort und erst später von einiger Bedeutung. Von ihrer Lage am Meere hatte die Stadt wenig Nutzen, da der Hafen so gefährlich war, daß man ihn selbst nicht durch einen Damm zu schützen vermochte. Infolgedessen beruhte die Bedeutung von Darnis allein auf der fruchtbaren Umgegend. In christlicher Zeit war sie der Sitz eines Bischofs.

Außer den erwähnten Städten lagen noch einige kleinere Orte an der Küste, z. B. Chersis und Erython, über deren Bedeutung wir aber nichts wissen. Auch waren noch einige Ankerplätze für solche Schiffe vorhanden, die aus irgend einem Grunde die größeren Häfen nicht berühren mochten, z. B. der Hafen Zephyrion, nicht weit von Darnis, und Naustathmos in der Nähe von Apollonia. Alle im Innern des Landes gelegenen Ortschaften waren außer Kyrene und Barka kleine Landstädtchen und Flecken, die in Abhängigkeit von Kyrene standen. Ptolemäus zählt deren zwanzig auf, und daß er nicht zu viel gesagt, beweist Abulfeda, der Ruinen von mehr als hundert Orten erwähnt.

Alle Schriftsteller des Altertums, welche Kyrene oder Kyrenaika erwähnen, wissen nicht genug die Fruchtbarkeit des Landes zu rühmen. Homer erwähnt den Reichtum an Schafen, Pindar nennt es die herdengesegnete, fruchtreichste Flur, einen Garten der Aphrodite; im Spruche des delphischen Orakels wird es als sehr lieblich bezeichnet, Kallimachus redet von der tiefgefurchten Stadt, dem göttlichsten Orte, den Apollo sich erheben konnte. Aus eigener Anschauung berichtet Herodot: „Dieses Land bringt gleich dem besten unter allen die Frucht der Demeter hervor und hat daher auch mit dem übrigen Libyen 'gar keine Ähnlichkeit: denn es hat eine dunkle Erde und ist durch Quellen bewässert, hat daher von der Trockenheit nichts zu leiden und ebenso wenig von allzu starkem Regen. Der Ertrag der Früchte steht dem im babylonischen Lande gleich. Das Land, welches die Esperiten bewohnen, ist gut, denn es trägt hundertfältig. Auch die Landschaft von Kyrene, welche am höchsten liegt, hat ihre drei Erntezeiten; denn zuerst reifen die Früchte an der Seeküste, sind diese eingebracht, so können die des mittleren Landstriches, welcher die Bezeichnung „Hügelland" führt, geerntet werden; nach diesen endlich gelangt die Frucht in dem obersten Toile des Landes zur Reife. So hat der Herbst hier eine Dauer von acht Monaten". Nach Arrian ist das Gebiet von Kyrene grasreich und fruchtbar, wohl bewässert, reich an Hainen und Wiesen. In ähnlicher Weise äußern sich Diodor und Strabo.

Unter den Pflanzen war die berühmteste und ihres medizinischen Wertes wegen am meisten geschätzte das Silphium oder Laserpitium. Die Wurzel, welche Theophrast als dick und fleischig beschreibt, enthielt einen milchigen Saft, der einen wertvollen Handelsartikel bildete. Namentlich in Rom wurde er sehr teuer bezahlt. Der Handel mit diesem Gegenstande war Monopol des Staates und die Ausfuhr daher schwierig. Die Pflanze war von Aziris im Bogen um Kyrenaika herum bis an die grosse Syrte verbreitet. Daß viele Gelehrte sie in der Drias wiedererkennen wollen, wurde schon oben bemerkt. Eine genaue Bestimmung ist aber schwierig, da die von den alten Schriftstellern gegebenen Beschreibungen ungenau sind. Die große Bedeutung dieser Pflanze ist dadurch gekennzeichnet, daß sie auf den Münzen abgebildet ist. Als das Land unter römische Oberhoheit kam, verschwand sie allmählich. Strabo schreibt die Schuld davon den häufigen Einfällen der Nomaden zu, weil diese ihr Vieh auf die Felder trieben, wo der Strauch wuchs. Im öffentlichen Schatze zu Rom hatte man soviel davon gesammelt, daß Cäsar 1500 röm. Pfd. vorzeigen konnte; aber schon zu Plinius' Zeit wurde ein einzelner aufgefundener Stengel als etwas Seltenes nach Rom gebracht. Irrtümlich glaubte man damals, daß die Pflanze nur in der Wildnis gedeihen könnte, während Synesius im 5. Jahrgang sie im Garten seines Bruders fand.

Was oben über den Handel und die Schiffahrt Kyrenes bemerkt wurde, gilt besonders auch von den Seestädten. Außer Silphium kamen noch hauptsächlich folgende Gegenstände in den Handel: Getreide, Honig, Safran, Rosenöl, Ammoniak, Wolle, Felle und Leder. Der rege Verkehr, den die Colonie stets mit dem Mutterlande unterhielt, deutet auf eine lebhafte Schiffahrt hin. Den Kyrenäern wird auch die Erfindung einer besonderen Art von Schnellseglern, die kurz gebaut waren und von sechzehn Ruderern getrieben wurden, zugeschrieben. Oft werden auch Kriegsschiffe der Kyrenäer erwähnt, und da sie nach Sallusts Berichte sich sogar in einen Kampf mit Karthago einließen, kann ihre Seemacht nicht klein gewesen sein.

Hochberühmt waren im Altertum die Pferde der Kyrenaika; Sophokles läßt sogar in der „Elektra" einen Wagenkämpfer von Kyrene auftreten. Freilich ist dies ein arger Anachronismus, doch sieht man daraus, daß zu seiner Zeit der Begriff eines Wagensiegers von dem eines Kyrenäers unzertrennlich war. Die Kriegswagen der Kyrenäer standen in großem Ansehen, so daß der persische Feldherr nach der Unterwerfung von Barka die Bedingung stellte, daß die Stadt dem Perserkönige Streitwagen liefern solle.

Die heutigen Griechen haben mit denen des Altertums leider nicht viel mehr als den Namen gemeinsam, so daß unter ihnen wohl schwerlich ein zweiter Battos ersteben wird. Vielleicht ist es aber einem der europäischen Völker, die das geistige Erbe der alten Griechen angetreten haben, vergönnt, aus Barka wieder das blühende Land zu machen, das mit so glänzenden Farben von den Schriftstellern des Altertums geschildert wird.

I. Allgemeine Lehrverfassung.

Schuljahr 1897/98.

1. Übersicht über die einzelnen Lehrgegenstände und die für jeden derselben bestimmte wöchentliche Stundenzahl.

	II b a.grie- chische Abteilung	II b b.eng- lische Abteilung	III a a.grie- chische Abteilung	III a b.eng- lische Abteilung	III b a.grie- chische Abteilung	III b b.eng- lische Abteilung	IV	V	VI	zusam- men
Religion a) katholische	2		2		2		2	2	3	13
Religion b) evangelische	2							2	1	5
Deutsch- und Geschichts- erzählungen	3		2		2		3	2\3, 1\	3\4, 1\	17
Latein	7		7		7		7	8	8	44
Griechisch	6	—	6	—	6	—	—	—	—	18
Französisch	3	2	3	1	3	1	4	—	—	17
Englisch	—	4	—	4	—	3	—	—	—	11
Geschichte und Erdkunde	2 1		2 1		2 1		2 2	2	2	17
Rechnen und Mathematik	4		3	1	3	[1]	2 2	4	4	23
Naturbeschreibung	—		—		2		2	2	2	8
Physik, Elemente der Chemie und Mineralogie	2		2		—		—	—	—	4
Schreiben	—		—		—		—	2	2	4
Zeichnen	2				2		2	2	—	8
	30 bezw. 32		30	30	30	30	28	25	25	189

Außerdem erhielten alle nicht dispensierten Schüler, in 3 Abteilungen getrennt, wöch. je 3 St. Turnunterricht; überdies VI und V wöch. 2, die übrigen Schüler, soweit sie zur Teilnahme am Chorgesang verpflichtet waren, wöch. 1 St. gemeinsam Gesangunterricht, so daß die Gesamtzahl der erteilten Wochenstunden sich auf 201 belief.

Im Zeichnen wurden die 5 Sekundaner der engl. Abteilung gemeinsam mit Obertertia unterrichtet; von den Griechisch lernenden Schülern der Sekunda nahm im verflossenen Schuljahr an den Zeichenstunden nur 1 teil.

2. Übersicht über die Verteilung der Lehrstunden am Progymnasium mit englischen Abteilungen zu Eupen im Schuljahre 1897/98.

Namen der Lehrer	Ordin.	IIb a) griechische Abteilung	IIb b) englische Abteilung	IIIa a) griechische Abteilung	IIIa b) englische Abteilung	IIIb a) griechische Abteilung	IIIb b) englische Abteilung	IV	V	VI	Zahl der wöch. Stunden
1. Dr. Schnüttgen, Direktor	IIIb		4 Englisch			7 Latein 3 Französisch	1 Französisch		2 Religion		17
2. Professor Altenburg, Oberlehrer	—	3 Französisch	2 Französisch	5 Französisch	1 Französisch 4 Englisch	3 Englisch		4 Französisch			20
3. Professor Zumkley, Oberlehrer	—	4 Mathematik 2 Physik		3 Mathematik 2 Physik		3 Mathematik 2 Naturbeschreibung		2 Mathematik 2 Naturbschr.	2 Naturbschr.		22
4. Professor Wartenberg, Oberlehrer	II	7 Latein 6 Griechisch				2 Deutsch 6 Griechisch					21
5. Dr. Keseberg, Oberlehrer	IIIa	3 Deutsch 2 Geschichte 1 Erdkunde		7 Latein 2 Deutsch 6 Griechisch							21
6. Schenfens, Oberlehrer und kath. Religionslehrer	IV	2 Religion		2 Religion		2 Religion		2 Religion 3 Deutsch 7 Latein		3 Religion	21
7. Rochels, Oberlehrer	V			2 Geschichte 1 Erdkunde		2 Geschichte 1 Erdkunde		2 Geschichte 2 Erdkunde	3 Deutsch 6 Latein		21
8. Meier-Jobst, Oberlehrer und evangel. Religionslehrer	VI			2 Religion					2 Religion 2 Erdkunde	1 Religion 4 Deutsch 6 Latein 2 Erdkunde	24 einschl. 3 Stunden Turnen
9. May, Elementarlehrer	—				1 kaufm. Rechnen mit IIIb real	1 Chorgesang 1 kaufm. Rechnen mit IIIa real		2 Rechnen	4 Rechnen 2 Schreiben	4 Rechnen 2 Naturbschr. 2 Schreiben 2 Gesang	28 einschl. 6 Stunden Turnen
10. Doll, Zeichenlehrer	—			2 Zeichnen		2 Zeichnen		2 Zeichnen	2 Zeichnen		8

Gesamtstundenzahl = 201

3. Übersicht über die während des Schuljahres 1897/98 abgehandelten Lehraufgaben.

Durch die amtlich vorgeschriebenen „Lehrpläne und Lehraufgaben für die höheren Schulen" vom 6. Januar 1892 (Berlin 1891, Verlag von Wilh. Hertz) sind Lehrziel und Lehraufgaben in den verschiedenen Unterrichtsfächern für die einzelnen Klassenstufen genau festgestellt und umschrieben. Es bedarf daher im folgenden nur derjenigen Angaben, welche eine Ergänzung zu oder ein Abweichen von den allgemein giltigen Verordnungen bilden.

1. Religion.

a) Katholische Religionslehre:

VI. Kath. Katechismus für das Erzbistum Köln: I. Hauptstück; Biblische Geschichte für die kath. Volksschule: Geschichte des A. T.

V. Desselben: Hauptstück II samt dem Wichtigsten aus Hauptstück III; Bibl. Geschichte des N T. bis zur Auferstehung Christi.

IV. Erweiterter Katechismus, I. Hauptstück; Bibl. Geschichte: Apostelgeschichte und Wiederholung des N. T.; Erklärung und Auswendiglernen von Kirchenliedern.

IIIb. Erweiterter Katechismus, II. Hauptstück; Bibl. Geschichte: Wiederholung des A. T.; das Kirchenjahr; Erklärung von Kirchenliedern und lateinischen Hymnen.

IIIa. Erweiterter Katechismus, III. Hauptstück, mit Berücksichtigung der Liturgie; Charakterbilder aus der Kirchengeschichte.

IIb. Begründung des katholischen Glaubens (Apologetik); Wiederholungen aus den Lehraufgaben der mittleren Klassen.

b) Evangelische Religionslehre:

VI. (1 St. getrennt): Biblische Geschichten des A. T. nach Römheld bis zu Moses Tod; das 3. Hauptstück des Katechismus.

VI.-IV. (Unterkursus): Biblische Geschichten des N. T. nach Römheld; das 1. und 2. Hauptstück des Katechismus; mehrere Kirchenlieder.

IIIb.-IIb. (Oberkursus): Das Reich Gottes im alten Testamente; das christliche Kirchenjahr und die gottesdienstlichen Ordnungen; Geschichte der Reformation; Wiederholung einiger Abschnitte des Katechismus; mehrere Kirchenlieder.

2. Deutsch.

VI. Alle 14 Tage eine Rechtschreibeübung. — Lesestücke und Gedichte aus *Linnigs* Lesebuch, 1. Teil. — Auswendiggelernte Gedichte: Vom Bäumlein, das andere Blätter gewollt — Der Löwe und der Fuchs — Die Jünglinge — Die Katzen und der Hausherr — Die wandelnde Glocke — Der Reisende — Die Schatzgräber — Der Vater und die drei Söhne — Versuchung — Der Herr und sein Knecht.

— 5 —

V. Lesestücke und Gedichte aus *Linnigs* Lesebuch, 1. Teil. Auswendiggelernte Gedichte: Schwäbische Kunde — Das Schwert — Der gute Kamerad — Der reichste Fürst — Lied eines deutschen Knaben — Reiters Morgenlied — Drusus' Tod — Friedrich Rotbart — Die Rosse von Gravelotte.

IV. Lesestücke und Gedichte aus *Linnigs* Lesebuch, 1. Teil. Auswendiggelernte Gedichte: Gelübde — Mein Vaterland — Hofers Tod — Deutsche Siege — Das Gewitter — Das Erkennen — Das Lied vom braven Mann — Johanna Sebus.

IIIb. Lesestücke und Gedichte aus *Linnigs* Lesebuch, 1. u. 2. Teil. Auswendiggelernte Gedichte: Belsazar — Das Glück von Edenhall — Des Sängers Fluch — Der Graf von Habsburg — Die Bürgschaft — Der Taucher — Der getreue Eckart.

IIIa. Lesestücke und Gedichte aus *Linnigs* Lesebuch, 2. Teil; Schillers Tell. — Auswendig gelernte Gedichte: Die Kraniche des Ibykus — Der Sänger — Der Zauberlehrling — Der Schatzgräber — Der Erlkönig — Das Lied von der Glocke.

II. Lektüre: Aus *Linnigs* Lesebuch, 2. Teil; Hermann und Dorothea; Minna von Barnhelm; Jungfrau von Orleans.

Aufsätze: 1. Stauffacher erstattet seiner Gattin Bericht über die Verhandlungen auf dem Rütli. 2. Blüten und Hoffnungen. 3. Die Staatsverwaltung Friedrichs des Großen. 4. Welche Eigenschaften der Dorothea treten in Göthes idyllischem Epos besonders deutlich hervor? (Klassenaufsatz) 5. Charakteristik des Vaters in Göthes Hermann und Dorothea. 6. Weshalb hielt Cicero den Pompejus für besonders befähigt zur Übernahme des Oberbefehls im Kriege gegen Mithradates? 7. Aus welchen Gründen will Tellheim seine Verlobung mit Minna von Barnhelm lösen, und wie werden diese Gründe von letzterer zurückgewiesen? (Klassenaufsatz.) 8. Inwiefern ist die Zunge ein sehr wohlthätiges, aber auch ein sehr schädliches Glied des Menschen? 9. Wie gelingt es Schiller in der Jungfrau von Orleans, uns schon durch den Prolog für die Haupthheldin des Stückes so lebhaft zu interessieren? 10. Weshalb ist uns Deutschen der Rheinstrom so lieb und wert? (Prüfungsaufsatz.)

3. Lateinisch.

VI. *Schultz-Führers* Vorschule für den ersten Unterricht im Lateinischen. I. Teil § 1—62, II. Teil § 1—145; alle 14 Tage eine Reinarbeit.

V. *Schultz-Führers* Übungsstoff für das zweite Jahr des lateinischen Unterrichts; alle 14 Tage eine Reinarbeit.

IV.*Schultz-Wetzels* Schulgrammatik, Kap.33—40. Übersetzungen aus*Schultz-Weisweilers* Aufgabensammlung, I. Teil; Lektüre aus Corn. Nepos, bearbeitet von *Holzweissig*: Miltiades, Themistocles, Aristides, Pausanias, Cimon, Pericles, Alcibiades, Epaminondas, Hannibal. Wöchentlich 1 Reinarbeit; außerdem 6 Übersetzungen aus dem Lateinischen ins Deutsche.

IIIb. *Schultz-Wetzels* Schulgrammatik, Wiederholung der Kasuslehre und § 263—304 einschl. nebst Übungen im Übersetzen der entsprechenden Stücke aus *Schultz-Weisweilers* Aufgabensammlung. — Lektüre: Caesar, de b. g. I—IV. Wöchentlich 1 Reinarbeit.

IIIa. *Schultz-Wetzels* Schulgrammatik §§ 263—304 wiederholt, §§ 305—333 neu durchgenommen. Übungen im Übersetzen aus *Schultz-Weisweilers* Aufgabensammlung. — Lektüre: 1) Caesar de b. g. V—VII, 2) Ovid. Metam.: Weltalter, Flut, Phaethon, Philemon und Baucis, Midas, Niobe, Orpheus und Eurydice. Wöchentlich 1 Reinarbeit.

IIb. Wiederholungen und Ergänzungen nach *Schults-Wetzels* Schulgrammatik. Übersetzungen aus *Weisweilers* Aufgabensammlung II u. a. — Lektüre: Cicero, or. in Cat. III und De imperio Cn. Pompei; Livius, lib. XXI und Vergil, Aen. lib. I—VI mit Auswahl. Wöchentlich 1 Reinarbeit.

4. Griechisch.

IIIb. *Kochs* Schulgrammatik § 1—58. Übersetzungen aus *Weseners* Elementarbuch I. Alle 14 Tage 1 Reinarbeit.

IIIa. *Kochs* Schulgrammatik §§ 59—79; Übersetzungen aus *Weseners* Elementarbuch II; Lektüre: Xenophon, Anab. l. I und II. Alle 14 Tage 1 Reinarbeit.

IIb. Syntax nach *Kochs* Schulgrammatik § 80 fg.; Übersetzungen nach *Schnelles* Aufgabensammlung für II u. a. — Lektüre: Xenophon, Anab. l. III und IV; dess. Hell. l. III und IV sowie Homer, Odyss. I—XII mit Auswahl. Alle 14 Tage 1 Reinarbeit.

5. Französisch.

IV. *Ploetz-Kares*, Kurzer Lehrgang der französischen Sprache; Elementarbuoh, Ausg. B, Kap. 1—44a. Einige Gedichte aus dem Anhange. Alle 14 Tage 1 Reinarbeit.

IIIb. gymn. Beendigung von *Ploetz-Kares'* Elementarbuch, § 42—63 nebst Anhang 1—15 einschließlich; ferner desselben Übungsbuch, Ausg. B § 1—26; Rezitieren einiger Fabeln und sonst geeigneter Gedichte; Sprechübungen. Alle 14 Tage eine Reinarbeit. Außerdem in

IIIb. real. Lektüre von *Duruy*, Biographies d'hommes célèbres des temps anciens et modernes, erklärt von *Penner*.

IIIa. gymn. *Ploetz-Kares*, Übungsbuch B mit Sprachlehre, § 16—46. — Lektüre: *Lamé-Fleury*, Histoire de la Découverte de l'Amérique, herausgegeben von *M. Schmidt*. Einige Fabeln von *Lafontaine*. Sprechübungen. Alle 14 Tage eine Reinarbeit. Außerdem in

IIIa. real. Lektüre aus „Le Tour de la France par deux Enfants" (Ausgabe von *Ricken*) und zusammenhängende Diktate aus *G. Hubault*, Histoire de France.

II. gymn. Wiederholungen und Abschluß der Syntax nach *Ploetz Kares*, Übungsbuch B und Sprachlehre von § 42 ab. — Lektüre: *Thiers*, Expédition d'Egypte, herausgegeben von *Grube*. Erklärung einiger zum Auswendiglernen bestimmten Gedichte. Alle 14 Tage eine Reinarbeit. Außerdem in

II. real. zusammenhängende Diktate aus der neueren Geschichte Frankreichs, nach *G. Hubault*, nebst ausgedehnteren Sprechübungen.

— 7 —

6. Englisch.

IIIb. real. *Gesenius-Regel*, Englische Sprachlehre, I. Teil bis Kap. XIV. Erklären und Memorieren von Gedichten; Sprech- und Diktierübungen. Alle 14 Tage eine Reinarbeit.
IIIa. real. *Gesenius-Regel*, Englische Sprachlehre, Kap. XV—XXIII einschl. — Lektüre: *Chambers*, English History, herausgegeben von *Dubislav* und *Roek*. — Einige Gedichte; Diktate und Sprechübungen. Alle 14 Tage eine Reinarbeit.
IIb. real. *Gesenius-Regel*, Englische Sprachlehre, XXII. bis XXX. Kapitel einschließlich; Sprech- und Diktier-Übungen; Erklären und Auswendiglernen größerer Gedichte. — Lektüre: Irving, Christopher Columbus, Discovery of america. The first voyage; herausgegeben von *Paetsch*, und *Marryat*, The Settlers in Canada, herausgegeben von *Benecke*. - - Alle 14 Tage eine Reinarbeit.

7. Geschichte.

IV. *Pütz-Cremans* „Grundriß der Geographie und Geschichte f. mittl. Kl." 1. Abt. 21. Auflage.
IIIb. *Pütz-Cremans* „Grundriß der Geographie und Geschichte f. mittl. Kl." 2. Abt. 17. Auflage.
IIIa. *Pütz-Cremans* „Grundriß der Geographie und Geschichte f. mittl. Kl." 3. Abt. 16. Aufl. §§ 1—27, zum Teil nur auszüglich, und „Leitfaden der brandenburgisch-preußischen Geschichte" §§ 1—11.
II. *Pütz-Cremans* „Grundriß der Geographie und Geschichte für mittl. Klassen", 3. Abt. §§ 28—63 und „Leitfaden der brandenburg-preußischen Geschichte" §§ 14—33.

8. Erdkunde.

VI. Grundbegriffe der physischen und mathematischen Erdkunde. Anleitung zum Verständnis des Globus und der Karten. Die Rheinprovinz.
V. Physische und politische Erdkunde Deutschlands. Weitere Einführung in das Verständnis des Reliefs, des Globus und der Karten. Anfänge im Entwerfen einfacher Umrisse.
IV. Die europäischen Länder außer Deutschland nach *Seydlitz*, Ausg. D, Heft 2. Einige Kartenentwürfe.
IIIb. Politische Landeskunde Deutschlands in kürzerer Übersicht; die außereuropäischen Erdteile. Nach *Seydlitz*, Ausg. D, Heft 3.
IIIa. Physische Landeskunde Deutschlands nebst den deutschen Kolonieen nach *Seydlitz*, Ausg. D, Heft 4.
II. Wiederholung der Erdkunde Europas mit Ausschluß von Deutschland. Elementare mathematische Erdkunde. Nach *Seydlitz*, Ausgabe D, Heft 5. Fortsetzung des Kartenzeichnens.

9. Rechnen und Mathematik.

A. Rechnen.

VI. *Schellen*, Rechenbuch I. Teil, 1. Abt., Abschnitt I und II.

V. *Schellen*, Rechenbuch I. Teil, 1. Abt., Abschnitt III und 2. Abt., Abschnitt I und II.

IV. *Schellen*, Rechenbuch I. Teil, 1. Abt., Abschnitt IV und 2. Abt., Abschnitt III, IV, V und VI.

IIIa und b real. (1 Stunde wöchentlich). Kaufmännisches Rechnen: Zins-, Rabatt-, Diskonto-Rechnung, Verteilungs- oder Gesellschaftsrechnung, Durchschnitts- und Mischungsrechnung.

B. Mathematik.

IV. Planimetrie (2 Stunden wöchentlich) nach *Boyman*, Teil I, §§ 1—46; im Wintersemester alle 4 Wochen eine Reinarbeit.

IIIb. Planimetrie (2 Stunden) nach *Boyman*, §§ 46—57 und Gleichheit von Dreiecken und Parallelogrammen; alle 4 Wochen 1 Reinarbeit. Algebra (1 Stunde) nach *Heis*, §§ 1—25 auszugsweise, § 61 und § 63 mit Auswahl.

IIIa. Planimetrie (2 Stunden) nach *Boyman* §§ 57—80; alle 4 Wochen eine Reinarbeit. Algebra (1 Stunde) *Heis*, §§ 25—33, §§ 40—45 und §§ 61—63 und § 65. Berechnung von Quadratwurzeln aus gewöhnlichen und algebraischen Zahlen, abgekürztes Multiplicieren und Dividieren.

IIb. Planimetrie (2 Stunden) nach *Boyman*, §§ 80—94; Trigonometrie und Stereometrie nach *Boyman*, T. II; Algebra nach *Heis*, §§ 61—67 und § 69 mit Auswahl; alle 4 Wochen eine Reinarbeit.

Aufgaben für die schriftliche Reifeprüfung:

1) Bestimmt man aus dem System der beiden Gleichungen:

$$3x + 5y - 4z = 3$$
$$7x - 3y + 9z = 143$$

die positiven ganzzahligen Werte von x, y und z und bildet aus den diesen Werten entsprechenden Buchstaben Wörter, so erhält man auch den Namen einer Stadt; wie heißt die Stadt?

2) Durch einen Punkt innerhalb eines Kreises eine Sehne zu legen, welche in diesem Punkte im Verhältnisse 3 : 5 geteilt wird. Unter welchem Winkel schneidet die Sehne den Kreis, wenn sein Radius 9,4 m groß und der Punkt 7,3 m vom Mittelpunkte entfernt ist?

3) Jemand will aus einem silbernen Leuchter von 1,895 kg Schwere eine massive Kugel gießen lassen. Wie groß ist die Oberfläche der Kugel, wenn das spezifische Gewicht der Silberlegierung zu 10,20 angenommen wird?

10. Naturbeschreibung und Physik.

In VI—II nach den Vorschriften der „Lehraufgaben" im Anschluß an die Lehrbücher bezw. den Leitfaden von *Wossidlo* und *Sumpf.*

11. Schreiben.

VI. Übungen in deutscher und lateinischer Schrift in natürlicher Stufenfolge nach Vorschrift an der Tafel.
V. Wie in VI, nebst *Sönneckens* Rundschrift.

12. Zeichnen.

V. Nach vorhergegangener Erläuterung das Quadrat, das auf einer Ecke stehende Quadrat, das regelmäßige Achteck, das gleichseitige Dreieck, das regelmäßige Sechseck und der Kreis — stellenweise mit Einzeichnung von Flachmustern — und die Spirallinie.
IV. Die einfacheren Figuren der *Kolb*schen Wandtafeln.
IIIb. Die schwierigeren Figuren der *Kolb*schen Wandtafeln und Blattformen nach Gipsmodellen in Umrissen und leichter Schattierung.
IIIa mit IIb vereinigt. a) Freihandzeichnen: Blatt- und Blütenformen sowie architektonische Verzierungen nach Gipsmodellen in Kreidemanier. b) Linearzeichnen: Vorübungen im Gebrauch der Zeichengeräte, allgemeine Erklärung der darstellenden Geometrie und besonders der Parallel-Perspektive, der Würfel und die vier anderen regelmäßigen Körper — aus ersterem abgeleitet — in parallelperspektivischer Darstellung und in verschiedenen Stellungen; ebenso Pyramiden-Würfel und Pyramiden-Achtflach, enteckter, entkanteter und zugeschärfter Würfel, entecktes und entkantetes Achtflach, die Netze der regelmäßigen Vielflache.

Befreiungen von der Teilnahme am schulplanmäßigen Religionsunterrichte sind auch im abgelaufenen Schuljahre für keinen unserer Schüler beantragt worden.

Mitteilungen über den Turn- und Gesangunterricht.

a) Turnen und Bewegungsspiele. Von den 144 Schülern waren befreit

	vom Turnunterrichte überhaupt	von einzelnen Übungsarten
auf Grund ärztlichen Zeugnisses:	im S. 16, im W. 15	im S. 2, im W. 1
aus anderen Gründen:	im S. —, im W. —	im S. —, im W. —
zusammen:	im S. 16, im W. 15	im S. 2, im W. 1
also von der Gesamtzahl der Schüler: . .	i.S.11,11%/0 i.W.10,42%/0	i S. 1,39%/0, i. W.0,69%/0

Es bestanden bei 6 getrennt zu unterrichtenden Klassen 3 Abteilungen von je 42 Turnern durchschnittlich.

Von 1¹/₂ besonderen wöch. Vorturnerstunden abgesehen, waren für den Turnunterricht wöchentlich insgesamt 9 Stunden angesetzt; 3 derselben (untere Abt.) wurden vom Ober-lehrer *Meier-Jobst*, die 6 übrigen vom Elementarlehrer *May* erteilt. Während die beiden unteren Abteilungen (VI + ¹/₂ V, IV + ¹/₂ V) stets unter unmittelbarer Leitung des betr. Lehrers turnten, kamen in der oberen Abteilung beim Gerätturnen auch vorturnende Schüler zur Verwendung.

Als Ort für den Turnunterricht diente bei ungünstigem Wetter und während der eigentlichen Wintermonate die zum Schulgebäude gehörige heizbare Turnhalle, welche dazu ausreichenden Raum bietet und mit allen nötigen Gerätschaften versehen ist; im Sommer und Herbst fanden die Freiübungen, Springen u. s. w. auf dem Schulhofe statt. Die Schüler bewiesen fast sämtlich für das Turnen ein erfreuliches Interesse; in ausreichen-der Zahl meldeten sich solche der oberen Klassen zur Teilnahme an den Übungen der Vorturner.

Was den Betrieb der Turnspiele betrifft, so fanden dieselben im Sommerhalbjahr nach den Vorschlägen des aus dem Direktor und den Lehrern *Zumkley*, *Meier-Jobst* und *May* zusammengesetzten Ausschusses unter der Leitung des Turnlehrers zunächst auf dem Schulhofe, einigemal auch auf einer zu diesem Zwecke freundlichst angewiesenen größeren in der Nähe der Anstalt gelegenen Wiese statt. Alle vom Turnen nicht befreiten Schüler nahmen an diesen Bewegungsspielen teil.

Besondere Vereinigungen von Schülern zur Pflege von Bewegungsspielen und Leibes-übungen haben bisher nicht bestanden; ebensowenig war die Möglichkeit zur Erlernung des Schwimmens gegeben.

Botanische Ausflüge wurden, soweit möglich, im Anschlusse an den botanischen Klassenunterricht unter Führung des Fachlehres *Zumkley* und des Elementarlehrers *May* und zwar mit VI, V, IV, IIIb gesondert alle 3—4 Wochen veranstaltet.

b) Gesang VI und V vereinigt: Theorie des Gesanges (Notenlesen, Aussprache u. s. w.) mit Übungen; Einübung zwei- und dreistimmiger Kirchenlieder.

VI—II: Chorgesang. Einübung vierstimmiger Chöre aus dem Gesangbuche von *Degen-Boeckeler* und aus der Liedersammlung von *Sering*, dreistimmige Chöre aus *Grube*, sowie der für die öffentlichen Schulfeste ausgewählten Gesänge.

4. Verzeichnis der für das Schuljahr 1898/99 beim Unterrichte in den einzelnen Klassen eingeführten Schulbücher.

Lehrfächer		Ladenpreis ℳ | ₰		Klassen
Katholische Religion.	Katholischer Katechismus für die Erzdiöcese Köln. Pustet, Regensburg.	— 22 ungb.	VI V IV IIIb IIIa —	
	Biblische Geschichte für die katbol. Volksschule. Schwann, Düsseldorf.	— 80 geb.	VI V IV IIIb — —	
Evangelische Religion.	Evangelischer Katechismus. Nach der Fassung der rheinischen Provinzial-Synode. Samuel Lucas, Elberfeld.	— 30 geb.	VI V IV IIIb IIIa II	
	Römbeld, Biblische Geschichte, Ausgabe A. Velhagen & Klasing, Bielefeld.	1 10 geb.	VI V IV — — —	
Deutsch.	Regeln u. Wörterverzeichnis für die deutsche Rechtschreibung zum Gebrauch in den preußischen Schulen. Weidmann, Berlin.	— 15 brosch.	VI V IV IIIb IIIa II	
	Linnig, Deutsches Lesebuch, 1. Teil. Schöningh, Paderborn.	3 — geb.	VI V IV — — —	
	Linnig, Deutsches Lesebuch, 2. Teil. Schöningh, Paderborn.	3 — geb.	— — — IIIb IIIa II	
Latein.	Schultz-Führer, Vorschule für den 1. Unterricht im Lateinischen, I. grammatischer Teil.	— 60 kart.	VI — — — — —	
	II. Teil. Übungsstoff für Sexta.	— 80 „	VI — — — — —	
	Schultz-Führer, Übungsstoff für das 2. Jahr des latein. Unterrichts.	1 40 „	— V — — — —	
	Schultz-Wetzel, Lateinische Schulgrammatik, 3. Aufl.	3 30 gebd.	— V IV IIIb IIIa II	
	Schultz-Weisweiler, Aufgabensammlung zur Einübung der lat. Syntax.	3 — „	— — IV IIIb IIIa II	
	Corn. Nepotis Vitae, bearb. von Holzweißig, Norddeutsche Verlagsanstalt, Hannover.	1 60 „	— — IV — — —	
	Caesar. de bello gallico, ed. Prammer-Kalinka. Freytag, Leipzig.	1 — „	— — — IIIb IIIa —	
	Cicero, pro Ligario	— 20 geb.	— — — — — II	
	„ „ Deiotaro	— 20 „	— — — — — II	
	Livius, Buch 1 und 2 (-6)	— je 40 „	— — — — — II	
	Ovid, Metam., Ausg. Aschendorff, Münster i. W.	1 — gebd.	— — — — IIIa II	
	Vergil, Aeneis, 2 Aufl., Aschendorff, Münster i. W.	1 15 gebd.	— — — — — II	

(Schöningh, Paderborn.)

(Perthes, Gotha.)

Lehrfächer		Ladenprois M | ₰			VI	V	IV	IIIb	IIIa	II
Griechisch.	Kaegi, Kurzgefaßte griechische Schulgrammatik, 7. Aufl. 1897, Weidmann, Berlin.	2	—	gebd.	—	—	—	IIIb	—	—
	Kaegi, Griech. Übungsbuch, 1. Teil, 4. Aufl. 1898, Weidmann, Berlin.	1	80	„	—	—	—	IIIb	—	—
	Kaegi, Griech. Übungsbuch, 2. Teil, 2. Aufl. 1896, Weidmann, Berlin.	2	—	„	—	—	—	—	—	II
	Koch, Griechische Schulgrammatik. Teubner, Leipzig.	3	—	„	—	—	—	—	IIIa	II
	Wesener, Griechisch. Elementarbuch, 2. Teil. Neue Ausg. Teubner, Leipzig.	1	60	„	—	—	—	—	IIIa	—
	Xenophon, Anabasis, Ausg. von Matthias. Springer, Berlin.	1	60	„	—	—	—	—	IIIa	II
	Xenophon, Hellenica. Freytag, Leipzig.	1	10	„	—	—	—	—	—	II
	Homer. Odyssee, (Buch 1—12). Teubner, Leipzig. Schülerausgabe von Henke.	1	60	„	—	—	—	—	—	II
Französisch.	Ploetz-Kares, Elementarbuch. Ausg. B. Herbig, Berlin.	1	70	ungb.	—	—	IV	IIIb	—	—
	Ploetz-Kares, Sprachlehre. Herbig, Berlin.	1	—	„	—	—	—	IIIb	IIIa	II
	Ploetz-Kares, Übungsbuch. Ausg. B. Herbig, Berlin.	2	—	„	—	—	—	IIIb	IIIa	II
	La Fontaine, 60 Fabeln. Velhagen & Klasing, Bielefeld.	—	60	gebd.	—	—	—	IIIb	IIIa	II
Englisch.	Gesenius-Regel, Englische Sprachlehre. Gesenius, Halle a. d. S.	3	—	gebd.	—	—	—	IIIb	IIIa	II
Geschichte.	Pütz-Cremans, Grundr. der Geographie u. Geschichte der alten, mittl. u. neueren Zeit für die mittl. Klassen höh. Lehranst. Bädeker, Leipzig.									
	1. Abteilung: Das Altertum.	1	—	ungb.	—	—	IV	—	—	—
	2. „ Das Mittelalter.	1	—	„	—	—	—	IIIb	—	—
	3. „ Die neuere u. neueste Zeit.	1	—	„	—	—	—	—	IIIa	II
	Pütz-Cremans, Leitfaden beim Unterricht in der Geschichte des preuß. Staates.	1	—	gebd.	—	—	—	—	IIIa	II
	Putzger-Baldamus, historischer Schulatlas. Velhagen & Klasing, Leipzig.	2	70	„	—	—	IV	IIIb	IIIa	II
Erdkunde.	v. Seydlitz, Geogr. Ausg. D. Heft 1.	—	50	kart.	—	V	—	—	—	—
	„ „ „ „ 2.	—	50	„	—	—	IV	—	—	—
	„ „ „ „ 3.	—	80	„	—	—	—	IIIb	—	—
	„ „ „ „ 4.	—	60	„	—	—	—	—	—	—
	„ „ „ „ 5.	—	85	„	—	—	—	—	IIIa	II
	Debes, Schulatlas für die mittleren Unterrichtsstufen in 38 Karten. Wagner-Debes, Leipzig.	1	25	ungb.	VI	V	IV	IIIb	IIIa	II

Lehrfächer		Ladenpreis ℳ | ₰			Klassen
Rechnen.	Schellen-Lemkos, Aufgaben für das theoretische u. praktische Rechnen I. Teil Koppenrath, Münster.	2	40	gebd.	VI V IV IIIb – –
Mathematik.	Boymann, Lehrbuch der Mathematik, Schwann, Düsseldorf. I. Teil: Geometrie der Ebene.	2	30	gebd.	– – IV IIIb IIIa II
	II. Teil: Ebene Trigonometrie und Geometrie des Raumes.	2	55	gebd.	– – – – – II
	Heiß, Sammlung von Beispielen aus der Arithmetik und Algebra. Dumont-Schauberg, Köln a. Rh.	3	50	gebd.	– – – IIIb IIIa II
	Greve, Logarithmentafel. Velhagen, & Klasing, Bielefeld.	2	–	gebd.	– – – – – II
Naturkunde.	Wossidlo, Leitfaden der Zoologie für höhere Lehranstalten. Weidmann, Berlin.	3	–	gebd.	– – IV IIIb IIIa –
	Wossidlo, Leitfaden der Botanik für höhere Lehranstalten. Weidmann, Berlin.	3	–	gebd.	– – IV IIIb IIIa –
Physik.	Sumpf-Papst, Anfangsgründe der Physik. Lax, Hildesheim.	1	50	ungb.	– – – – – II
Gesang und kath. Gottesdienst.	Sering, Gesänge für Progymnasien, Realprogymnasien, Realschulen u. höhere Bürgerschulen. Heft IIIb. Schauenburg, Frankfurt a. M.	–	80	ungb.	VI V IV IIIb IIIa II
	Degen-Boeckeler, Gebet- und Gesangbuch für höhere Schulen. Jacobi & Cie., Aachen.	1	50	ungb.	VI V IV IIIb IIIa II

Anmerkungen. 1. Bei Anschaffung der vorgeschriebenen Bücher sollen von den Schülern die neuesten Auflagen gefordert werden.
2. Neu eingeführte Bücher werden stets nach und nach, von unten an aufwärts, von den Schülern verlangt.

II. Verfügungen der vorgesetzten Behörden
von allgemeinerer Bedeutung.

1. Coblenz, den 25. März 1897. Prov.-Schulkollegium übersendet einen Min.-Erlaß vom 15. dess. Mts., den Turnunterricht betreffend, wonach insbesondere die sog. volkstümlichen Übungen, wie Stabspringen und Wurfübungen, Lauf und Sprung über Hindernisse für das Turnen im Freien nach Gebühr gepflegt werden sollen.

2. Desgl. unterm 19. Mai einen Min.-Erl. vom 29. April, in welchem auf „die zahlreichen Fälle von Selbstmord oder Selbstmordversuchen, die sich in neuester Zeit bei den Schülern höherer Lehranstalten in N . . . in so erschreckend rascher Folge ereignet haben", hingewiesen und allen Lehrerkollegien nachdrücklichst die Pflicht eingeschärft wird, mit dem ganzen erziehlichen Einfluß, den die Schule durch Lehre, Warnung und Vorbild auszuüben berufen ist, solchen betrübenden Vorkommnissen durch Bekämpfung ihrer vermutlichen Ursachen vorzubeugen.

3. Desgl. unterm 16. Juni einen Min.-Erl. vom 14. Mai, wonach Seine Majestät zur Förderung der zum Besten der Kaiser Wilhelm-Gedächtnis-Kirche in Berlin anläßlich der Feier des 100jährigen Geburtstages weiland Sr. Majestät des Kaisers und Königs Wilhelm des Großen von Prof. Dr. Oncken in Gießen verfaßten Festschrift „Unser Heldenkaiser" zum Zwecke der Verteilung in Schulen und beim Heere die Summe von 40 000 M. zu bewilligen geruht haben. Gleichzeitig übersendet das Prov.-Schulk. vier Exemplare des Werkes mit dem Auftrage, nach Entnahme eines Exemplars für die Anstaltsbibliothek die drei übrigen an besonders tüchtige Schüler unter Hinweis auf die Allerhöchste Bewilligung als Geschenk zu überreichen.

4. Desgl. unterm 1. Juli einen Min.-Erl. vom 28. April, wonach den am Ersatzunterrichte für das Griechische teilnehmenden Sekundanern eines Progymnasiums nicht ein „Zeugnis der Reife", sondern lediglich ein „Zeugnis über die nach Abschluß der Untersekunda bestandene Prüfung" auszustellen ist. „Mit diesem Zeugnis wird an sich noch nicht die Berechtigung erworben, ohne weiteres in die Obersekunda einer Realanstalt einzutreten. Vielmehr muß es dem Direktor der betr. Realanstalt überlassen bleiben, erforderlichen Falles durch eine besondere Prüfung festzustellen, ob dem betr. Schüler nach seinen Vorkenntnissen in den neueren Sprachen und in den Realien die Aufnahme in Obersekunda zugestanden werden kann."

5. Desgl. teilt das Prov.-Schulk. am 10. Juli mit, daß der Antrag einer Direktion, zur Anregung eines Briefwechsels zwischen deutschen und französischen Schülern die Genehmigung zu erteilen, aus ernsten pädagog. Bedenken durch einen Entscheid vom 20. Juni dauernd abgelehnt sei.

6. Desgl. unterm 28. August, daß nicht versetzte Schüler erst nach Ablauf eines vollen Semesters für eine höhere Klasse geprüft werden dürfen, als das Abgangszeugnis ausspricht, daß ferner bei dieser Aufnahmeprüfung auch das zur Zeit der letzteren bereits erledigte Pensum der betr. höheren Klasse zum Maßstab zu nehmen, und daß, wenn die erneute Anmeldung bei derselben Anstalt erfolgt, welche der Schüler verlassen hat, vorher die Genehmigung des Prov.-Schulk. einzuholen ist.

7. Desgl. unterm 13. September, daß jeder Lehrer einer höheren Lehranstalt, welcher die Ferien außerhalb des Schulortes zu verbringen gedenkt, vor Antritt der Reise dem Direktor, soweit es möglich ist, seinen Aufenthalt schriftlich anzeigen möge, damit amtliche Benachrichtigungen thunlichst bald an denselben gelangen können.

8. Desgl. unterm 29. November einen Min.-Erlaß vom 31. Oktoher, wodurch der Leihverkehr zwischen der Kgl. Bibliothek in Berlin und den Universitäts-Bibliotheken mit den Bibliotheken der höheren Lehranstalten geregelt wird.

9. Desgl. unterm 3. Dezember, daß mit Ostern 1898 von IIIb an von Jahr zu Jahr aufsteigend an Stelle der griech. Grammatik von Koch und des Übungsbuches von Wesener die griech. Schulgrammatik samt den Übungsbüchern 1 und 2 von Kaegi (letzteres anstatt desjenigen von Wendt-Schnelle auch in II), dem Unterrichte zu Grunde gelegt werde.

10. Desgl. unterm 21. Dezember einen Min.-Erl. vom 15. dess. Mts., wonach Se. Majestät von dem Werke „Wisliconus, Deutschlands Seemacht sonst und jetzt" eine größere Anzahl Exemplare für besonders gute Schüler als Prämie zum Weihnachtsfeste zur Verfügung gestellt habe. Gleichzeitig wurde 1 Exemplar zu dem gedachten Zwecke der Direktion übersandt.

11. Desgl. teilt das Prov.-Schulk. unterm 19. Januar die für das nächste, am 21. April beginnende Schuljahr 1898/99 festgesetzte Ferienordnung mit, wonach um Pfingsten der Unterricht am 27. Mai zu schließen und am 2. Juni wieder aufzunehmen ist, zu Herbst am 11. Aug. bezw. am 16. September, zu Weihnachten am 20. Dezember bezw. am 4. Januar, zu Ostern am 22. März bezw. am 13. April.

12. Desgl. unterm 19. Januar, wonach a) die Direktoren fortan darauf hinwirken sollen, daß von den Schülern hei Neuanschaffung Bücher und Hefte mit Drahtheftung nicht mehr gekauft werden, b) bei Einführung neuer Schulbücher den Verlagshandlungen ausdrücklich zur Bedingung zu machen ist, daß drahtgeheftete Exemplare von ihr für den Schulgebrauch nicht geliefert werden, c) die Buchhinder darauf hinzuweisen sind, daß bei den Einbänden der für Lehrer- wie Schülerbibliothek angekauften Bücher das Verfahren der Drahtheftung nicht zur Anwendung kommt.

13. Desgl. unterm 8. Februar, daß zur schriftlichen Berichterstattung und mündlichen Beratung auf der 1899 stattfindenden 7. Rhein. Direktoren-Konferenz folgende Themata gewählt worden sind: 1. „Welche zur Verbesserung der mathematischen Lehrweise in neuerer Zeit gemachten Vorschläge verdienen im Unterrichte an den höheren Lehranstalten verwertet zu werden?" 2. „Die Bedeutung und Stellung des Turnens und des Spieles im Organismus der höheren Schulen".

14. Desgl. unterm 10. Februar zur Mitteilung an Lehrer und Schüler, daß durch Min.-Erl. vom 20. Januar ds. J. die Geltungsdauer der Eisenbahn-Rückfahrkarten a) zum Osterfeste von einschl. dem 12. Tage vor bis zum 12. Tage einschl. nach dem ersten Feiertage (25 Tage), b) zum Pfingstfeste von einschl. dem 3. Tage vor bis zum 8. Tage einschl. nach dem ersten Feiertage (12 Tage), c) zum Weihnachtsfeste von einschl. dem 7. Tage vor bis zum 14. Tage einschl. nach dem ersten Feiertage (22 Tage) festgesetzt ist.

— 16 —

15. Desgl. unterm 11. Februar einen Min.-Erl. vom 20. Januar ds. J., wodurch das Kgl. Prov.-Schulk. den Direktoren seines Aufsichtsbezirkes einfürallemal die Vollmacht erteilen darf, die für reif erklärten Abiturienten nach gewissenhaftem Ermessen schon vor dem Schlusse des Unterrichts zu entlassen und den Zeitpunkt der Entlassung selbstständig zu bestimmen.

III. Chronik der Schule.

1. Der Verwaltungsrat unserer Anstalt bestand im abgelaufenen Schuljahre aus folgenden 8 Mitgliedern: Bürgermeister *Mooren* als Vorsitzendem, Landrat *Gülcher* als Kgl. Kompatronats-Kommissarius, dem kathol. Oberpfarrer und Definitor *Beys*, dem evang. Pfarrer *Ammer*, welcher in der Sitzung vom 2. April vor. J. in das Amt eines Kurators dem Schulstatut gemäß eingeführt wurde, und dem Direktor als geborenen, aus dem geheimen Kommerzienrat *Gülcher*, den Stadtverordneten *Fettweis* und *Kaiser* als gewählten Mitgliedern.

2. Das Schuljahr begann Dienstag, den 27. April, mit einem von den kath. Lehrern und Schülern besuchten feierlichen Hochamte bezw. einer entsprechenden Morgenandacht für die evang. Schüler. An den vorhergegangenen letzten Tagen der Osterwoche hatten die Anmeldungen, Montag den 26. dess. Mts. die Aufnahmeprüfungen der neueingetretenen Schüler stattgefunden.

Unterbrochen wurde der Unterricht durch die Pfingstferien (vom 5.—9. Juni einschl.), durch die Herbstferien (vom 15. August bis zum 22. September einschl.) und durch die Weihnachtsferien (vom 24. Dezember bis zum 3. Januar einschl.).

3. Änderungen im Lehrerkollegium: a) Zu Ostern vorigen Jahres übernahm der bisherige evangel. Religions- und Oberlehrer *Herm. Holthey* eine Oberlehrerstelle an der Landwirtschafts- und Realschule in Herford i. W. Derselbe hatte 5 volle Jahre hindurch mit redlichem Willen und hingebendem Eifer seine Kraft in den Dienst unserer Anstalt gestellt, die ihm eine dankbare Erinnerung an seine hiesige Wirksamkeit bewahren wird.

b) Zu seinem Nachfolger in dem Amte eines evangel. Religions- und sprachlichen Fachlehrers wählte das Kuratorium in der Sitzung vom 2. April für die letzte Oberlehrerstelle den bisherigen wiss. Hilfslehrer Herrn *Aug. Meier-Jobst*, welcher, nachdem seine Wahl die Bestätigung der Aufsichtsbehörde gefunden hatte, am 29. Mai im Auftrage des Kgl. Prov.-Schulkollegiums durch den Direktor in das hiesige Lehrerkollegium von amtswegen eingeführt und vereidigt wurde.

Geboren zu Asendorf, Fürstentum Lippe, am 27. November 1862, lutherischer Konfession, erwarb derselbe am Gymnasium in Lemgo Ostern 1884 das Reifezeugnis, studierte alsdann an den Universitäten in Kiel, Berlin, Tübingen und Bonn vorzugsweise Geschichte und Geographie nebst den alten Sprachen und unterzog sich gegen Ende des Jahres 1889 in Bonn der Prüfung für das höhere Lehramt. Nachdem derselbe von Herbst 1889 bis Herbst 1890 am städtischen Gymnasium und Realgymnasium zu Düsseldorf das vorgeschriebene Probejahr abgeleistet und 1½ Jahre lang eine Hauslehrerstelle in der Schweiz bekleidet hatte, wirkte er von Ostern 1892 bis 1897 als etatsmäßiger wiss. Hilfslehrer an der Ober-Realschule mit Progymnasium in Rheydt.

4. Am 27. Mai, dem Feste Christi-Himmelfahrt, feierte die Anstalt unter großer Teilnahme der Eltern und Freunde der Schule das Fest der ersten hl. Kommunion von 19 kath. Schülern.

5. Am 1. und 25. Juni mußte wegen drückender Hitze der Nachmittagsunterricht ausgesetzt werden.

6. Am 15. Juni und 18. Oktober, desgl. am 9. und 22. März als den Todes- und Geburtstagen der in Gott ruhenden Kaiser Friedrich III. und Wilhelm I. feierte die Schule das Andenken der heimgegangenen Fürsten durch eine daraufbezügliche Ansprache an die Schüler der einzelnen Klassen während der ersten Vormittagsstunde.

7. Durch Min.-Erlaß vom 1. Juli wurde dem Oberlehrer der Anstalt *Wilh. Wartenberg* das Prädikat „Professor" verliehen. Das bez. Patent überreichte im Auftrage des Kgl. Prov.-Schulkollegiums zu Koblenz der Direktor in einer Konferenz der versammelten Lehrer unter Worten freudiger Genugthuung über diese nunmehr drei Mitgliedern des hiesigen Kollegiums zuteil gewordene Auszeichnung.

8. Dienstag, den 13. Juli, fanden bei einer verhältnismäßig recht günstigen Witterung die für das Sommerhalbjahr geplanten Schülerausflüge statt, nach den 3 Turnabteilungen gesondert. 40 Schüler der 3 oberen Klassen machten in Begleitung dreier Lehrer *(Keseberg, Scheufens, May)*, eine ganztägige Turnfahrt. Dieselben fuhren mit dem Frühzuge der Eifelbahn über Raeren nach Station Breinig, marschierten von dort durch den Wald über Zweifall-Vicht nach dem Forsthaus Füßendell und schlugen von da aus den Weg über Schevenhütte nach Wenau, Kreis Düren, ein, wo Halt gemacht wurde. Nach angemessener Rast und Besichtigung der nächsten Umgebung ging der Rückweg über Geßenich, Mausbach, Vicht nach Breinig, von wo mit dem Abendzuge die Rückfahrt nach Eupen erfolgte. — Für die mittlere sowohl als für die untere Turnabteilung war ein nur halbtägiger Ausflug vorgesehen. Erstere (IV und ½V) unternahm, 44 Schüler an der Zahl, mit 3 Lehrern *(Schnütgen, Zunkley, Rochels)* einen stark 4-stündigen Marsch durch den städtischen Wald ins Langesthal; zogen am Spaabrunnen vorüber und setzten von da den Marsch über Reinartzhof nach Rötgen fort, um nach kurzem Aufenthalte in dem hübschgelegenen Eifeldorfe mit dem Abendzuge nach Eupen zurückzufahren. Letztere (½V und VI), 48 Schüler mit 3 Lehrern *(Altenburg, Wartenberg, Meier-Jobst)*, begnügte sich mit einem erfrischenden Spaziergange nach dem nahegelegenen belgischen Pfarrdorfe Baelen, wandte sich von dort abseits nach Gemehret, um über die Herbesthaler Landstrasse den Rückweg anzutreten. — Die am nämlichen Tage stattgehabten Ausflüge sind auch diesmal ohne jeden Unfall verlaufen. Im ganzen haben von 144 Schülern 132 an denselben teilgenommen samt 9 Lehrern.

9. Am 29. September wurde die Anstalt aufs neue durch unerwarteten Tod eines ihrer Schüler beraubt. Der 15½jährige Obertertianer Barthol. Dohm von hier starb infolge eines Kropfleidens und wurde am 1. Oktober unter Teilnahme all seiner Lehrer und Mitschüler zur letzten Ruhestätte geleitet. R. i. p.!

10. Am 2. November („Allerseelentag") fand dem Herkommen gemäß für die Seelenruhe der verstorbenen Lehrer und Schüler der Anstalt ein vom kath. Religionslehrer

gehaltener feierlicher Trauergottesdienst statt, welchem die kath. Lehrer mit allen katholischen Schülern beiwohnten. Die erste Morgenstunde fiel aus diesem Grunde aus.

11. Am Vormittage des 27. Januar beging die Schule, wie alljährlich, in ihrer reich geschmückten Aula das Fest des allerhöchsten Gehurtstages Sr. Majestät unseres Königs und Kaisers Wilhelm II. Die Feier, welche sich auch diesmal unter der Teilnahme eines zahlreichen Publikums aus der Stadt und dem Kreise Eupen vollzog, wurde durch Boieldieus Ouvertüre zu „Der Kalif von Bagdad" für Klavier und Flöte, wobei der neu beschaffte Klavierflügel der Anstalt seine erstmalige öffentliche Verwendung fand, passend eingeleitet. Nach dem Vortrage eines zu dem Festtage gedichteten Prologs durch einen Quintaner und des Kipper-Simonschen „Macte Imperator!" durch den Gesangchor gelangte die Rütliscene aus Schillers Tell durch 16 Sekundaner und Obertertianer recht wirkungsvoll zur Aufführung. Dem Schletterer- von Fallerslebenschen Liede „Wie könnt' ich dein vergessen" schloß sich die gehaltvolle Festrede des Oberlehrers, Professors *W. Altenburg*, an. Ausgehend von der lebhaften Anteilnahme des Königs Wilhelm an allen edlen Werken seines Volkes, nicht zum wenigsten an der Förderung der Künste in unserem Vaterlande, gab der Redner einen gedrängten Überblick über die verschiedenen Perioden der Baukunst gerade in den Rheinlanden von der Zeit der Römer bis zum Beginne der Renaissance und erläuterte die Eigenart der einzelnen Baustile an ihren hervorragendsten Vertretern unter den erhaltenen Gotteshäusern und Profanbauten. Kipper-Schulz's Festkantate zum Geburtstage Sr. Majestät des Kaisers, an welche im Anschluß von der ganzen Versammlung die Kaiserhymne stehend gesungen wurde, bildete den Abschluß der würdig verlaufenen Feier.

12. Am 10. März wurde unter dem Vorsitze des Königl. Prov.-Schulrates Dr. *Buschmann* aus Koblenz die mündliche Reifeprüfung abgehalten, nachdem die schriftlichen Prüfungsarbeiten in den Tagen vom 31. Januar bis 4. Februar angefertigt waren. Siehe IV C des Jahresberichtes!

13. Der Gesundheitszustand unserer Schüler war im abgelaufenen Schuljahre, von einigen längeren Erkrankungen abgesehen, recht günstig.

Von den Lehrern war Zeichenlehrer *Doll* in der Zeit vom 18. Juni bis 9. Juli an 11 Nachmittagen wegen längerer Krankheit zur Aussetzung der Zeichenstunden genötigt; desgl. mußte Professor *Wartenberg* im Februar wegen Erkrankung an einem Tage vertreten werden. Beurlaubungen von Lehrern sind nicht nötig gewesen.

IV. Statistische Mitteilungen.

A. Anzahl der Schüler im Schuljahr 1897/98.

	II a.griech. b. engl. Abteilung	II	IIIa a.griech. b.engl. Abteilung	IIIa	IIIb a.griech. b. engl. Abteilung	IIIb	IV	V	VI	Se.
1. Bestand am 1. Februar 1897	11	4	9	5	9	9	22	33	39	141
2. Abgang bis z. Schlusse d. Schulj. 1896/97	11	4	2	—	—	3	3	3	6	32
3a. Zugang durch Versetzung zu Ostern	7	5	6	3	5	11	24	27	—	88
3b. Zugang durch Aufnahme zu Ostern	—	—	—	—	—	1	1	3	30	35
4. Anzahl am Anfange des Schulj. 1897/98	7	5	6	3	8	15	27	36	37	144
5. Zugang im Sommerhalbjahr	—	—	—	—	—	—	—	—	—	—
6. Abgang im Sommerhalbjahr.........	—	—	—	—	—	—	—	2	3	5
7a. Zugang durch Versetzung zu Michaelis	—	—	—	—	—	—	—	—	—	—
7b. Zugang durch Aufnahme zu Michaelis	—	—	1	—	—	1	—	—	3	5
8. Anzahl am Anfange d. Winterhalbjahres	7	5	7	3	8	16	27	34	37	144
9. Zugang im Winterhalbjahre.........	—	—	—	—	—	—	—	—	1	1
10. Abgang im Winterhalbjahre.........	—	—	1	—	—	2	1	1	—	5
11. Anzahl am 1. Februar 1898........	7	5	6	3	8	14	26	33	38	140
12. Durchschnittsalter am 1. Februar 1898	$16_{,81}$	$17_{,20}$	$16_{,43}$	$15_{,72}$	$15_{,06}$	$15_{,73}$	$14_{,42}$	$12_{,94}$	$12_{,53}$	

B. Religions- und Heimatsverhältnisse der Schüler.

	Kath.	Evgl.	Diss.	Jud.	Einh.	Ausw.	Ausländer
1. Am Anfange des Sommerhalbjahres.....	130	14	—	—	122	20	2
2. Am Anfange des Winterhalbjahres.....	131	13	—	—	117	22	5
3. Am 1. Februar 1898................	126	14	—	—	113	22	5

Das Zeugnis der wissenschaftlichen Befähigung für den einjährig-freiwilligen Militärdienst erhielten zu Ostern 1897 im ganzen 14 Sekundaner, 11 der griechischen, 3 der englischen Abteilung angehörig — von ersteren setzten 7 ihre Studien an rheinischen Vollgymnasien, von letzteren 1 an einer Oberrealschule fort; die übrigen 6 traten zu einem praktischen Lebensberufe über —, zu Michaelis keiner.

C. Übersicht der Abiturienten.

Am 10. März fand unter dem Vorsitze des Provinzialschulrates Herrn Dr. *Buschmann* als Kgl. Kommissarius die diesjährige mündliche Reifeprüfung statt, der sich 12 Sekundaner, 7 der g r i e c h i s c h e n und 5 der e n g l i s c h e n Abteilung angehörig, unter· zogen; 10 derselben wurden für bestanden erklärt, darunter 4 unter Befreiung von der ganzen mündlichen Prüfung; 2 Schülern der englischen Abteilung mußte das Reifezeugnis versagt werden.

Namen der Abiturienten.	Tag und Ort ihrer Geburt	Konfess.	Name, Stand und Wohnort des Vaters.	Dauer des Aufenthaltes auf der Anstalt Jahre.	der Sekunda	Gewählter Beruf
1. Dolanuit, Leo,	26. Nov. 1879, Eupen.	kathol.	Joseph Delanuit, Lederbändler in Eupen.	7	1	Setzt seine Gymnasialstudien fort.
2. *Fettweis, Ewald,	23. Juli 1881, Eupen.	kathol.	Leo Fettweis, Färbereibesitzer in Eupen.	6	1	Kaufmannsstand.
3. Fettweis, Rudolf,	21. März 1882, Eupen.	kathol.	Rudolf Fettweis, Färbereibesitzer in Eupen.	6	1	Setzt seine Gymnasialstudien fort.
4. Frings, Friedrich,	13. August 1881, Lontzen, Kreis Eupen.	kathol.	Johann Frings, Volksschullehrer in Lontzen.	4	1	desgl.
5. Hahn, Lambert,	10. Juli 1881, Eupen.	kathol.	†Ludwig Hahn, Eisengießermeister in Eupen.	6	1	Postdienst.
6. Kirschvink, Joseph,	20. Nov. 1879, Eupen.	kathol.	Hubert Kirschvink, Wildhändler in Eupen.	6	1	Setzt seine Gymnasialstudien fort.
7. *Pommée, August,	20. Aug. 1881, Eupen.	kathol.	Michael Pommée, Dachdeckermeister in Eupen.	6	1	Kaufmannsstand.
8. *Siewert, Paul,	24. Sept. 1879, Treptow a.d.Rega.	evangel.	Franz Siewert, Zollamtsassistent in Herbesthal.	6	1	Studiert an einem Realgymnasium weiter.
9. Wimmers, Karl,	21. Juni 1880, Eupen.	kathol.	Gottfried Wimmers, Volksschullehrer in Eupen.	7	1	Setzt seine Gymnasialstudien fort.
10. Wirths, Moritz,	15. April 1883, City-Heights b. New-York.	evangel.	Rudolf Wirths, Fabrikant in Eupen.	5	1	desgl.

Anm. Die 3 mit * bezeichneten Abiturienten gehörten der e n g l i s c h e n Abteilung an.

V. Sammlung von Lehrmitteln.

A. Lehrerbibliothek.

1. **Angeschafft** wurden aus den verfügbaren Mitteln folgende Zeitschriften und Einzellieferungen von Werken bezw. Fortsetzungen der bisher bezogenen: 1. Centralblatt für die gesamte Unterrichtsverwaltung in Preußen; 2. Litterarisches Centralblatt für Deutschland, herausg. von *Zarncke*; 3. Litterarischer Handweiser von *Hülskamp*; 4. Lehrproben und Lehrgänge aus der Praxis der Gymnasien und Realschulen von *Fries* und *Menge*; 5. Gymnasium von *Wetzel*; 6. Zeitschrift für den deutschen Unterricht von *Hildebrand-Lyon*; 7. Die neuen Sprachen, Zeitschrift für den neusprachlichen Unterricht von *Vietor*; 8. Aus allen Weltteilen, deutsch-nationale Zeitschrift für Länder- und Völkerkunde, Berlin; 9. Zeitschrift für mathem. und naturwiss. Unterricht von *Hoffmann*; 10. Natur und Haus, illustrierte Zeitschrift für alle Naturfreunde von *Hesdörffer*. 11. Deutsches Wörterbuch von *Grimm*; 12. Jahrbücher des Vereins für Altertumsfreunde, Bonn;

an Einzelwerken: *Rethwisch*, Jahresberichte über das höhere Schulwesen, XI. Jahrgang, 1896, Berlin, *Gaertner*; *Mushacke*, Statist. Jahrbuch der höheren Schulen Deutschlands, I. u. II. Teil, IIXX. Jahrgang, 1897; *Baumeister*, Handbuch der Erziehung und Unterrichtslehre, Bd. IV. 5. Abt., München, Beck 1898; *Jäger*, Lehrkunst und Lehrhandwerk, Wiesbaden, Kunzes Nachfolger, 1897; *Wittenbrink-Deharbe*, Kürzeres Handbuch zum Religionsunterricht in den Elementarschulen, I. u. II. Teil, 5. Aufl., Paderborn, Schöningh; *Beck*, Handbuch zur Erklärung der Bibl. Geschichte, I. Bd., Köln, Bachem; *Lehmann*, Der deutsche Unterricht, 2. Aufl. Berlin, Weidmann 1897; *Paul*, Deutsches Wörterbuch, Halle a. S., Niemeyer 1897; *Leimbach*, Die deutschen Dichter der Neuzeit und Gegenwart, 7. Bd., 1.—3. Lief., Leipzig, Keßelringsche Hofbuchhandlung; *Puls*, Lesebuch für die höheren Schulen Deutschlands, I. u. II. Teil, Gotha, Thienemann 1895; *Lange*, Übungsbuch zum Übersetzen aus dem Deutschen ins Lateinische für Sekunda, Leipzig, Keßelring 1895; *Rademann*, 25 Vorlagen zum Übersetzen ins Lateinische bei der Abschlußprüfung auf dem Gymnasium, Berlin, Weidmann, 1896; *Kares*, Kurzer Lehrgang der englischen Sprache, I. u. II. Teil, 2 Bde., Dresden, Ehlermann 1895 u. 96; *Klöpper*, Engl. Reallexikon, XIV.—XXIV. Lief., Leipzig, Rengersche Buchhdlg., 1897; *Fontane*, Der Krieg gegen Frankreich, I. u. II. Bd., Berlin, Hofdruckerei, 1873 u. 1875; *Wildermann*, Jahrbuch der Naturwissenschaften, Jahrgang 1897, Freiburg i. Br., Herder; *Kiepert*, Wandkarte von Alt-Galien, Berlin, Reimer; *Debes*, Polit. Schulwandkarte des deutschen Reiches und seiner Nachbargebiete, Leipzig, Wagner-Debes; verschiedene kleinere Schriften über den Turnunterricht und mehrere Musikalien sowie Festlieder für Schulfeierlichkeiten.

2. **Geschenkt** wurden: auf Grund Allerhöchster Bewilligung: *Oncken*, Unser Heldenkaiser, Festschrift zum 100jähr. Geburtstage Kaiser Wilhelms des Großen, Berlin, Schall & Grund; vom Buchhändler Cormann hierselbst: *Drews*, v. Hartmanns Philosophie,

Leipzig, Haacke, und *Stöckl*, Lehrbuch der Ästhetik, 3. Aufl., Mainz, Kirchheim 1889; vom Direktor: *Wolter*, Vaterländ. Helden- und Ehrentage im Spiegel deutscher Dichtung, Berlin, Mittler & Sohn, 1898.

Überdies sind eine größere Anzahl von Druckwerken, zumeist Schulbücher für die verschiedenen Lehrfächer von den betr. Verlegern eingesandt und unserer Lehrerbibliothek einverleibt worden, insbes. von *Baedeker* in Essen, *Freytag* in Leipzig, *Nicolai* und *Weidmann* in Berlin, *Niemeyer* in Halle, *Meyer* in Hannover, *Amelang* in Leipzig, *Cohen* in Bonn, *Wagner-Debes* in Leipzig, *Westermann* in Braunschweig.

B. Schülerbibliothek.

1. **Angeschafft** wurden: *Linnig*, Deutsches Lesebuch I u. II (je 2 Ex.), Schöningh, Paderborn 1896/97; *Schultz-Wetzel*, Lat. Schulgramm., ebenda 1896; *Boyman-Vering*, Geometrie der Ebene (2 Ex.), Schwann, Düsseldorf 1896; *Wossidlo*, Leitfaden der Botanik und der Zoologie, Weidmann, Berlin 1896/97; *Vaders*, Bilder aus der vaterländ. Geschichte, Aschendorff, Münster 1894; *Hoffmann*, Geschichtserzählungen für VI und V, Voigtländer, Leipzig 1898; *Niebuhr*, Griech. Heroengeschichten, Schramm, Leipzig o. J.; *Carl Flemming*s Vaterländische Jugendschriften, Glogau o. J., 12 Bdch.; *Grimm*, Kinder- und Hausmärchen, gr. Ausg. von Hertz, Berlin 1895 und kl. Ausg. von Dümmler, Berlin 1895; *Wägner*, Deutsche Heldensagen, Spamer, Leipzig, 1889; *v. d. Schulenburg*, Waffenthaten deutscher Soldaten 1870/71; *v. Köppen*, Helmuth v. Moltke, Flemming, Glogau o. J.; *Pflugk-Hartung*, Krieg und Sieg 1870/71, Gedenkbuch und Kulturgeschichte, Schall und Grund, Berlin o. J.; *Wislicenus*, Deutschlands Seemacht sonst und jetzt, Grunow, Leipzig 1896; *Wagner*, Entdeckungsreisen in Stadt und Land, Spamer, Leipzig 1894; *A. de Waal*, Valeria oder der Triumphzug aus den Katakomben, Pustet, Regensburg 1896.

2. **Geschenkt** wurden: vom Sekundaner H a h n : *v. Kampen*, Descriptiones, Ser. I, Perthes, Gotha; vom Verlage W e i d m a n n in Berlin: *Wossidlo*, Leitfaden der Botanik und Zoologie 1895/96; vom Verlage F r e y t a g in Leipzig: *Herodot*, Auswahl 1896; Xenophon, Memorabilien nebst Kommentar 1896; *Cicero*, Rede gegen Cäcilius 1897; *Vergil*, Äneis in Auswahl 1896; Mittelhochdeutsche Lyriker 1897; *Goethe*, Kleinere Schriften 1896; *Schiller*, Wallenstein und Philosophische Schriften 1896.

C. Physikalische und naturwissenschaftliche Sammlungen.

1. **Angeschafft** wurden aus den verfügbaren Mitteln:

a) für das physikalische Kabinet : ein galv. Trockenelement, ein Deklinatorium und Inklinatorium in Verbindung mit einem Galvanometer, ein Apparat zu Gefrierversuchen, eine Glocke mit Uhrwerk, ein Tiefenmesser, ein Ballon aus Goldschlägerhaut, eine Gummischeibe für die Recipienten der Luftpumpe, mehrere Verbrauchsstoffe;

b) für die naturgeschichtliche Sammlung: Bubo maximus, Uhu; 2) Colaptes auratus, Goldspecht; 3) Phaetornis eugnome, Kolibri; 4) Alauda cristata, Haubenlerche; 5) Loxia curvirostra, Fichtenkreuzschnabel; 6) Lanius collurio und 7) L. rufus, Dorndreher und rotrückiger Würger; 8) Turdus cyaneus, Blaudrossel; 9) Saxicola rubetra, Braunkehlchen, 10) Cinclus aquaticus, Wasserstaar; 11) Luscinia cyanecula, Blaukehlchen. 12) L. philomela, Sprosser; 13) Hypolais vulgaris, Spottvogel; 14) Acrocephalus phragmites, Schilfrohrsänger; 15) Corvus corax, Kolkrabe; 16) Anas crecca, Krickente; 17) zwei Eier von testudo graeca; 18) Phasma gigas; 19) Tarantula lycosa; 20) Nautilus pompilius; fünf Meinholdsche Wandbilder für Zoologie.

2. Geschenkt wurden: für das physikalische Kabinet von Ungenannt ein Trommelsieb für den Centrifugalapparat und ein Rotationsapparat für Reibungselektrizität, von K. Wimmers II ein Apparat zur Demonstration strömender Wärme, von Bohn IV geflochtenes Glas;

für das naturhistorische Kabinet von G. Tilgenkamp II ein Paar junger verwachsener Katzen, von Bong IV eine Sturmhaube, von Claessen IV eine Fächerkoralle, von Schlembach IV ein Kokon eines Seidenspinners, zwei Granatäpfel und ein Zweig mit 2 Früchten von der Citrone, von C. Claessen V drei Porzellanschnecken, zwei Turm-, eine Flügelschnecke, ein Spinnenkopf, mehrere Muscheln, von Fr. Claessen V eine Kammmuschel, ein Seeohr, eine Eierschnecke, eine Orgelkoralle, ein Zweig von einem amerik. Schuppenbaume und geschliffener Achat und Holzstein, von W. Peters V Schaumkalk und mehrere Schnecken und Muscheln, von Birnbaum V Tönnchenschnecken, ein Pelikansfuß und Kalkspat, von Krahe V Austernschalen und eine Schwefelkiesdruse auf Schwerspat, von den Schülern A. und F. Behrend, Flam, Wichmann, Becker, Winners, Rinke und anderen aus V Mineralien und Schneckengehäuse, von Gilles V ein Ast eines Hirschgeweihs, ein grauer Papagei.

VI. Stiftungen und Unterstützungen für Schüler.

A. Stiftungen.

Von den in der hiesigen Stadt zur Zeit bestehenden 9 Studienstiftungen (vergl. Osterprogramm 1896) werden nur 3 unter Mitwirkung der städtischen Verwaltung vergeben. Die Jahreszinsen der ersten (Stiftung *Emil von Grand Ry*) fielen für 1897/98 in 2 gleichen Teilen einem Obertertianer und einem Quartaner zu; von der zweiten (Stiftung *Leonhard Gensterblum*) und dritten (Stiftung *Max Finck*) wurde nur je 1 Teil an einen Obertianer und einen Quintaner verliehen, während die 2. Teil dieser beiden Stiftungen wegen Mangels an geeigneten Bewerbern für das nächste Schuljahr zurückgestellt blieb.

B. Unterstützungen.

1. Freistellen. Zum Besten beanlagter ärmerer und fleißiger Schüler innerhalb der Stadtgemeinde Eupen pflegt die Stadt alljährlich bis zu 10% von dem Gesamtbetrage der zu erhebenden Schulgelder an ganzen oder halben Freistellen zu bewilligen. Infolge-

dessen wurden seitens des Kuratoriums an 6 Schüler ganze, an 19 halbe Freistellen und zwar an 22 derselben für beide, an 1 für 1 Semester vergeben.

2. **Stipendien.** Mitglieder des im Jahre 1864 hierselbst gegründeten sogen. Stipendien-Vereins waren im abgelaufenen Schuljahre nur noch folgende Herren:

Vorstand.			
Bürgermeister *Mooren*,	*Gülcher, Alfred*, Landrat,	*Peters, Alfred*,
Geheimrat *Arth. Gülcher*,	*Gülcher, Fritz*, Rentner,	*Peters, Wilhelm*,
Direktor *Dr. Schmütgen*,	*Hüffer & Cie.*,	*Warlimont, Richard*,
Becker, Theophil,	*Homburg, Jwan*,	*Wetzlar, Robert*, Kommer-
Fettweis, Rudolf,	*Münster, Jakob*,	zienrat.

Die von denselben für die Zwecke des Vereins für 1897/98 aufgebrachten freiwilligen Beiträge ergaben die Summe von 261 Mark. Außerdem flossen der Kasse die Jahreszinsen der diesbezügl. *Hüffer*schen Stiftung (105 Mark) zu, ferner 400 Mark als Jahresbeitrag des „Aachener Vereins zur Beförderung der Arbeitsamkeit", 300 Mark seitens des hiesigen Vereins „zur Verhütung von Veruntreuungen in den Fabriken" sowie endlich 350 Mk. an Zinsen des zur bleibenden Erinnerung an die vaterländische Gedenkfeier vom 22. März vor. Js. von der Firma *Sternickel & Gülcher* gestifteten Kapitals von 10 000 Mark: Gesamtsumme 1416 Mark. Der Vorstand war in der angenehmen Lage, aus diesen Mitteln 4 ganze und 27 halbe Stipendien zu gewähren und zwar an 29 Schüler für das ganze, an 2 für ein halbes Schuljahr. Der Verein hat die Genugthuung, seinem Zwecke gemäß einer größeren Anzahl von braven und fähigen Schülern der Stadt sowohl als des Kreises Eupen den Besuch unserer Anstalt möglich gemacht oder- doch erleichtert zu haben.

Allen Mitgliedern und Gönnern des Vereins sei an dieser Stelle für die gespendete Beihilfe verbindlichst gedankt, womit ich an die wohlhabenderen Familien der Stadt die Bitte verbinde, die Zwecke des nach Lage der Sache unentbehrlichen Vereins nach Kräften zu fördern.

VII. Mitteilungen an die Schüler und ihre Angehörigen.

1. Der Unterricht des laufenden Schuljahres wird Mittwoch, den 30. März, vormittags geschlossen, und das nächste Schuljahr 1898/99 Donnerstag, den 21. April, morgens 8 Uhr mit feierlichem Gottesdienste dem Herkommen gemäß eröffnet.

2. Anmeldungen neu eintretender Schüler können für alle Klassen von VI bis II einschl. an jedem Tage der Osterferien im Schulgebäude erfolgen. Die Meldung zur Aufnahme muß spätestens Mittwoch, den 20. April, von 8—10 Uhr morgens durch die Eltern oder ihre Stellvertreter, womöglich persönlich, bei dem Unterzeichneten geschehen, Vorzulegen sind bei der Anmeldung: 1. ein amtlich ausgefertigter Geburtsschein, 2. ein Impfschein bezw. für Knaben, welche das 12. Lebensjahr überschritten haben, ein Wiederimpfungsschein, 3. ein Abgangszeugnis der zuletzt besuchten Schule oder ein beglaubigtes Zeugnis über die häusliche Vorbildung und das bisherige Verhalten.

3. Die Aufnahmeprüfungen für die einzelnen Klassen werden Mittwoch, den 20. April, von 10 Uhr vormittags an in den Schulräumen abgehalten werden.

An Vorkenntnissen wird bei der Prüfung für Sexta gefordert: 1. Geläufigkeit im Lesen deutscher und lateinischer Druckschrift, Kenntnis der wichtigeren Redeteile, eine leserliche und reinliche Handschrift sowie die Fähigkeit, ein deutsches Diktat ohne grobe Fehler gegen die Rechtschreibung nachzuschreiben; 2. Sicherheit in den 4 Grundrechnungsarten mit ganzen Zahlen; 3. Bekanntschaft mit den wichtigsten Begebenheiten aus der Geschichte des alten und neuen Testamentes.

4. Die auch im abgelaufenen Schuljahre wieder gemachten unliebsamen Erfahrungen veranlassen mich neuerdings darauf hinzuweisen, daß ein Abgangszeugnis erst dann ausgehändigt werden kann, wenn der ausscheidende Schüler allen Verpflichtungen gegen die Anstalt, wozu insbesondere die Rückgabe entliehener Bücher gehört, nachgekommen ist. Schüler, welche ohne Abgangszeugnis das Progymnasium verlassen, sind natürlich ebenfalls gebunden, alle der Büchersammlung entliehenen Schulbücher und sonstige Lernmittel ungesäumt zurückzugeben.

5. Da die Erlernung des Griechischen sich nur für solche Schüler empfiehlt, welche eine höhere Laufbahn zu wählen entschlossen sind, so werden diejenigen Eltern, deren Söhne über kurz oder lang ins geschäftliche Leben übertreten sollen, hiermit wiederholt ersucht, ihre Kinder von der Quarta an den Realabteilungen zuzuweisen, deren Besuch ihnen Gelegenheit zur Erlernung des Englischen wie zur Ausbildung im kaufmännischen Rechnen bietet und daher für die Zukunft derselben von besonderem Werte ist.

6. Die Konferenzbeschlüsse über Versetzungen bezw. Nichtversetzungen beruhen auf den gewissenhaftesten Erwägungen der beteiligten Lehrer und stehen unabänderlich fest. Anträge auf eine nachträgliche Aufhebung solcher Beschlüsse sind daher völlig zwecklos.

7. Auswärtigen Eltern, welche ihre Söhne der hiesigen Lehranstalt anvertrauen wollen, erteilt der Unterzeichnete bereitwilligst Auskunft und Rat betreffs der Unterbringung derselben in empfehlenswerten Bürgerfamilien der Stadt. Zur Wahl der Wohnung solcher Schüler bedarf es der vorher einzuholenden Genehmigung des Direktors.

8. Infolge wiederholter diesbez. Anregungen durch die Schulaufsichtsbehörden werden die Eltern der Zöglinge bezw. deren Vertreter dringend ersucht, aus Rücksicht auf die Gesundheit ihrer Söhne oder Pflegebefohlenen auch ihrerseits darauf zu achten, daß eine zu starke Belastung der Schüler mit übermäßig schweren Schulmappen, namentlich bei weiten Schulwegen, vermieden werde, weshalb das Mitbringen aller überflüssigen Lehrmittel und sonstiger Gegenstände zu untersagen ist. Das Gewicht der Mappen soll 7 Pfd. als Höchstgewicht nicht überschreiten.

Eupen, den 30. März 1898.

Dr. Schnütgen,
Direktor.

.